JN068960

アーユルヴェーダの
驚きの果実

アムラの真実

ナラヤン・ダス・プラジャパティ
（インド政府 家族健康福祉省国立薬用植物局 局員）
タルン・プラジャパティ
（薬用植物学者）
監訳 イナムラ・ヒロエ・シャルマ（日本アーユルヴェーダ学会副理事長）
監修 森田 要　訳 森山 繁

彩流社

凡　例

・原著

本書は、（AnwalA kRshIkaraN wa upayogI、２００４年）をヒンディー語から翻訳した。

「原著者の信念」までは日本語版独自のもの。

・記号について

訳者による注は〔　〕で示した。

・外来語のカタカナ表記について

サンスクリット語起源のアーユルヴェーダの用語、植物名、物質名のカタカナ表記は、現在日本国内でもっとも広く使用されているイナムラ・ヒロエ・シャルマ先生がインドでサンスクリット・ローマ字表記の特許を取得したものを基本にしている（参考文献『印度医学八科精髄集』アミュターンガ・フリダヤム）。それ以外の語は原著の表記で使用されているヒンディー語の発音にもっとも近いカタカナで表記した。

・アーユルヴェーダの表現について

本文中、「若返る」「寿命が延びる」「不老不死」などの表現があり、現代では誇大な表現とみなされるが、これは紀元前から栄えてきた古来インドの健康に関する伝統的な知恵としての独特の表現のため、そのまま訳出した。

・出典表記

原著には随所に論拠となる出典が書かれているが、日本の読者には不要で煩雑なため、省略したところがある。

監修者まえがき

アムラと聞いて、「知っている、見たことがある」という日本人はほとんどいないでしょう。しかしインドでは、伝統医学・アーユルヴェーダでもっとも知られている代表的な植物のひとつです。ほぼすべての部分（果実・枝・葉・樹皮・根）が薬として使われています。

乾燥果樹は腸を整え、生果は強壮剤や利尿剤として用いられています。葉を煎じた液は、うがい薬や目の洗浄に使われ、幹部の樹皮は下痢に効きます。アムラを使った三果混合薬トリファラーは、肝臓の強壮剤として知られています。また髪を黒々と保つためのトリートメントとしても使用されています。アムラはこのように大変魅力のある植物で、未知の可能性が秘められているのではないかと考えられています。

実は、日本でも奈良時代にアーユルヴェーダの秘薬アムラは『阿麻勒《あまろく》』、アムラと並んでよく使われるビビーダキーは『呵梨勒《かりろく》』として知られ、当時のものが今でも正倉院に保存されています。おそらく弘法大師がもたらした真言密教の伝来と同時期に、アーユルヴェーダの生薬が伝わったものと考えられます。

この本には、原著者であるプラジャパティ親子の思想が根底に流れています。本書は、自然の力を取り入れるアーユルヴェーダの基本知識からやさしく教えてくれます。実践的なことも書かれているので、ぜひ活用してください。

森田 要

日本語版へのメッセージ

アムラは古代インドからの伝統的医学体系であるアーユルヴェーダにおいて特筆すべき重要な位置にあり、さまざまな体調不良を整えるものと認識されています。

アムラは「母」を意味するサンスクリット語ダートリー(dhatri)の名でも知られており、それはまるで母が我が子の精神、肉体双方のケアをするように、外用、内服どちらでも私たちに恩恵を与えてくれます。

社会、全世界をより良きものとする目的のもと、CNP社ではオーガニック、そしてフェアトレードの環境下での栽培、収穫、収穫後の処理を適切な形で行っています。ですからアムラは世界中どこでも使うことができるようになっています。

日本の皆様が私たちと同じ考えを共有し、母なる自然に大きな敬意を持ち、アムラという奇跡の果実の恩恵を受けられるよう、日本語版出版のために多大な貢献をしてくださった森田要さんに感謝の意を表します。

ナラヤン・ダス・プラジャパティ
タルン・プラジャパティ

原著者の信念——

持続可能な社会を作る社会的企業

森田 要（本書監修者）

環境を守り地域の発展をめざす会社との出会い

昔からヒンドゥーの人々は、迷妄的に樹木を拝みました。その信仰心の背後には、哲学的かつ科学的な判断が確かに働いていたのだと思われます。

フェアトレード認証、有機認証も

原作本著者のプラジャパティ親子は、インドの北西部ラジャスタン州ジョドプールに住んでいます。この地は社会的にも経済的にも恵まれた場所とはいえず、厳しい気候条件下にあります。タール砂漠の影響により、時として干魃《かんばつ》による水不足に悩まされている地域です。

父のナラヤン氏は、繊維を扱う仕事をしていましたが、「自然本来の方法で母なる自然に帰る」という思いに辿り着き、アーユルヴェーダを学びました。そして、50歳の時から20年をかけて（２００３年）、１３４６種類の植物を調べ上げた植物の辞典を出版しました。国内外の文献を元に植物学の研究を続ける中で、ナラヤン氏はインドの風土に根ざした植物・生物の多様性とそれを支える自然環境への畏敬の念を深く心に刻んでいきます。そして自然環境を健やかに持続させながら、かつ地域共同体を発展させていくためのシステムなどについて思索を深めていきます。

１９８８年に会社（ＣＮＰ＝Cultivator Natural Products）を興して、薬用植物の商業栽培を始めることになります。この時念頭にあったのは、厳しい気候条件下で、困窮している農業従事者・労働者に新たな仕事を生み出し雇用し、生活水準を上げること、地域の自然環境を守りながら、かつ労働者の健康にも留意しつつ、持続的に長く仕事ができるようにすることというミッションでした。こうした会社の活動を通じて、地域共同体の発展を図りたいという熱い思いを抱いていました。

　ナラヤン氏が会長、息子のタルン氏が社長を務めるＣＮＰ社のカタログには、次のような言葉が掲げられています。

CNP社のアムラ農園にて。ナラヤン・ダス・プラジャパティ氏（左）とタルン・プラジャパティ氏

「経験が未熟な労働者には訓練の機会を提供し、報酬を与えます。また、家族が一緒に働けるように援助し、子どもたちが学校で学べるようにします。私たちは社会的責任のある会社となることを熱望し、そうなれるように信念を持って進んでいこうとしています」

「（我が社の製品は）自然環境を守るため、資源の再生循環が壊れないような方法で、責任を持って作っています。水や土壌を汚染することのないように留意し、太陽エネルギーを活用するなどして製品を作り、処理し、包装も行っています」

次世代に引き継ぐ地球環境を守るために、２０１５年９月の国連サミットで採択されたこの国際目標のＳＤＧｓやエシカルという流れが注目されている昨今、公平な社会を実現するためにオーガニック由来の化粧品ジャンルにて世界初のフェアトレード認証を取得したことも、ＣＮＰ社の社是ともぴったり一致しています。

ＣＮＰ社の薬用植物の販路は、当初のインド国内市場を超えて、有機認証認定の植物を欲していた国際市場にも広がっています。販路拡大につれて農場の規模もますます大きくなり、現在は３０００エーカー（約１２００ヘクタール）を超えています。10万平方フィート（約９２９０平方メートル）の処理工場で、有機ハーブ・植物を約80種製造しています。

究極の安全と安心につながる製品

私は南青山でｋａｍｉｄｏｋｏ（カミドコ）という美容室を経営してています。週４日はサロンワーク、残りの３日間は地方でヘナのワークショップを開催し、薬用植物による白髪染めヘナの普及に努めてきました。美容師としてカットとヘナだけの美容を実現するために、１９９５年から化粧品の製造業・製造販売業の許可も取得し、自社で安全なヘナを輸入・販売するための会社の代表も務めています。

ヘナを使った施術は１９８０年頃から始めました。当初は材料のヘナをインドの複数の業者から直輸入して販売していましたが、品質に対して常に不満がありました。農場で栽培されるヘナに農薬の必要はありませんが、収穫・乾燥の後、粉末に加工するのが小規模な零細工場であるため、衛生管理に問題があり、輸入後に国内で顕微鏡チェックをすると、雑菌が混ざっていることもありました。また、業者によっては鮮やかなグリーンに見せるために、化学薬品の混ぜ物をするなど悪質な現実も見られました。現地で働いている人たちの健康を侵しかねない劣悪な現場もあるのです。

そのような中、品質が良く、安全なヘナを求め探し回っていたところ、オーガニックで衛生管理も行き届き、かつ労働者の健康や地域の環境にも配慮して製造しているというCNP社に辿り着きました。ヘナだけではなく多種類の薬用植物を管理農場で無農薬・有機栽培している会社で、インド国内の有機認証だけでなく、フランス、EU、アメリカなどの認証も取得しています。化学物質、酸化物、重金属、GMO（遺伝子組み換え作物）ほか健康や環境に害を引き起こす恐れのある成分は使わない、また動物実験もしていない、製造過程での水や土壌を汚染せず、太陽エネルギーを活用するなど、「究極の安全と安心」につながる製品を作っている会社でした。

私はすぐに連絡を取って、サンプルを取り寄せました。念願の初訪問の際、工場やラボ、そして畑を視察しました。徹底した衛生・品質管理と、会長と社長をされているプラジャパティ親子の信念に触れ、大変感銘を受けたと同時に「真実に基づいた仕事」を目の当たりにし、大いに心を動かされました。

持続可能な自然に戻ること

次に紹介するのは、ＣＮＰ社の社是です。

「私たちの信念

ＣＮＰ社は、自然本来の方法で母なる自然に戻るという信念を固めました。自然を持続維持すること、その可能性を追い求めることが私たちの誇りです。私たちの神学〔神と人間の世界を研究する学問〕は、来たるべき時代のために乏しい資源を保護することです。

私たちは次のことに努力しています。

・土壌の保全

整然とした境界栽培場・有機肥料を土壌に戻し、土壌の健全化を図る。

・水の保存

灌漑システムを適用する。

・生物多様性の維持

すべてにおいて化学薬品を使わずに、自然のままに育て、収穫すること。

自然界の動物たちを魅了する〔動物たちが自然に集まってくるような魅力的な〕植物共同体の土地〔植物が育つ土地〕を維持する。

・浪費しない

リデュース〔削減〕、リユース〔再利用〕、リサイクル、そしてオフィスや会社、処理施設、倉庫まで、すべて浪費することのないように計画する。

・グリーンエネルギー

すべての農場〔製品となる植物の農場〕に太陽エネルギーを設置する。処理工場では屋根に設置した太陽光発電システムを活用する。

・品質保証

ＣＮＰ社の製品は、品質の面において自信を持って使用をおすすめできます。製品の品質と会社の倫理基準については、常に成長を目指しています。私たちの研究室のチームは、原材料から最終の製品に至るまで、すべての工程において一貫性のある完璧な品質管理を行っています。これは最高の品質を実現するための欠かせない工程です。製品試験のためには、国際的に信頼のあるヨーロッパの研究所も頻繁に活用しています。

地球はすべての人間の要望を満たすのに十分なものを恵み与える。
しかし、すべての人間の欲望を満たすことはしない。

マハトマ・ガンディーの言葉」

さて、こうしてやっと巡り会えたヘナなのですが、ＣＮＰ社の直輸入したヘナが日本で販売できるようになるまでには、さらに約3年かかるのです。というのは、染着力と経費吸収の向上のためにナノ化され微粉末になったヘナ製品について、パキスタンの研究者からアレルギーの心配が提示され、その解決に時間を要したためです。

社長のタルン氏は、アレルギー検査をイタリアの研究所に依頼し、徹底した試験に約1年という長い時間を費やしました。そして、ついに皮膚病学的にも安全というお墨付きを得たのです。この結果が出て、商品として日本で販売できるようになるまで、素晴らしい製品を1日も早く使いたいと思いながらも、思いの外待つことになりましたが、もちろん「安全・安心」には代えられません。また、こうしたエピソードにもＣＮＰ社の一貫した信念の強さが表れていると感じています。

新しい時代のキーワードは「共生」

２０１４年1月、私は初めてラジャスタン州のＣＮＰ社の農場を訪れました。タルン氏の案内で、ルニファームという農場を視察しました。ヘナの収穫時期は10月末から11月ということで、秋に再訪を約束しながらも、この時、「大地に根ざしたヘナの木」と初めて対面し、非常に感動しながら写真のシャッターを切りました（この時に撮影したヘナの写真は私の著書『最高のヘナを求めて』茅花舎、２０１８年刊、

CNPの有機農園で働く農民たち

の表紙を飾っています)。タルン氏はCNP社の社長でありながら、薬用植物の研究者としても活動しています。ですから、ヘナはもちろん、あらゆる植物についての質問にも的確に即答する様子に驚くと共に、私は絶対的な信頼感を抱きました。

農場を歩きながら、タルン氏から畑に育つ薬用植物について話を伺っていた時のこと。朝早くに畑を巡り、見渡す限りの広大な畑を「あるがままの自然を生かし」栽培していると、薬用植物の生育を見守る喜びを笑顔で語ってくれました。CNP社のカタログの美しい植物写真は、タルン氏本人が撮影されたそうで、折々に撮影した中から選んで載せているのだとか。母なる大地への畏敬の念と、すべての生態系に配慮して植物を栽培する情熱にあふれるタルン氏に出逢えた奇跡と、一緒に仕事をさせて頂けることに対し、本当に感謝の気持ちが沸き上がりました。

この時、折しも収穫したアムラの実の加工作業が始まっていて、工場を見学させてもらうことになりました。アムラの実は大粒の梅の実くらいの大きさで、硬く、とても酸っぱい味がします。インド全土に生えるアムラの木は、ヒンドゥーの人々に聖木として崇められる伝統的にも重要な樹木であり、そのアムラについてまとめたプラジャパティ親子の共著による書籍をプレゼントしていただきました。それが本書というわけです。ヒンディー語で書かれている書物を翻訳した原稿を読み、これは日本で出版しなければならないと考えました。

ナラヤン氏によると、本書執筆の動機は、インドの農業者を育てるための知識と知恵の普及、今までアムラについて詳しく述べた本がなかったことと、薬用植物の知識を普及し、世界中の方々の健康増進につなげていきたいとの思いがあったためだそうです。インドでは手に入りやすい身近な植物であるアムラを通じて、安価に賢く人々の健康を守りたいという大きな愛に共感しました。

アムラの翻訳本を出版するために、準備を進めていた2020年2月、新型コロナウイルスが世界を震撼させ始めました。ちょうどその頃、タルン氏からアムラの錠剤のサンプルが届きました。そして、ビタミンCがコロナ予防にいいということも書いてある、オーソモレキュラー医学という栄養療法の本が邦訳されたという記事を目にしました（日本語訳は『オーソモレキュラー医学入門』論創社、2019年）。3月のインド訪問時のタルン氏へのお土産として用意しました。タルン氏より、「森田さんの欲しい本と同じ本をCNP社の図書館に蔵書したい」と申し出があったので、私がこれはと思う図書は必ず2冊購入するようにしています。このタイミングで手にしたその本を読んでみて、私は今回のコロナウイルスの予防対策に役立つのではないかと思いました。予防と対策は、まさにアーユルヴェーダの神髄です。それで、アメリカで出版されたその本の原書をインドで手に入れるようタルン氏に連絡しました。すると今度は、ビザが下りた翌日に私が新型コロナの影響でインドに入国出来なくなりました。

しばらくして、タルン氏より朗報が飛び込んできました。なんと、すでにインド政府の認可も下り、

３種類の予防のためのアーユルヴェーダの錠剤を各１００万粒ずつ計３００粒、インド工科大学、全インド医科学研究所他、多くの場所や個人に無償で提供したというのです。これが実現したのは、タルン

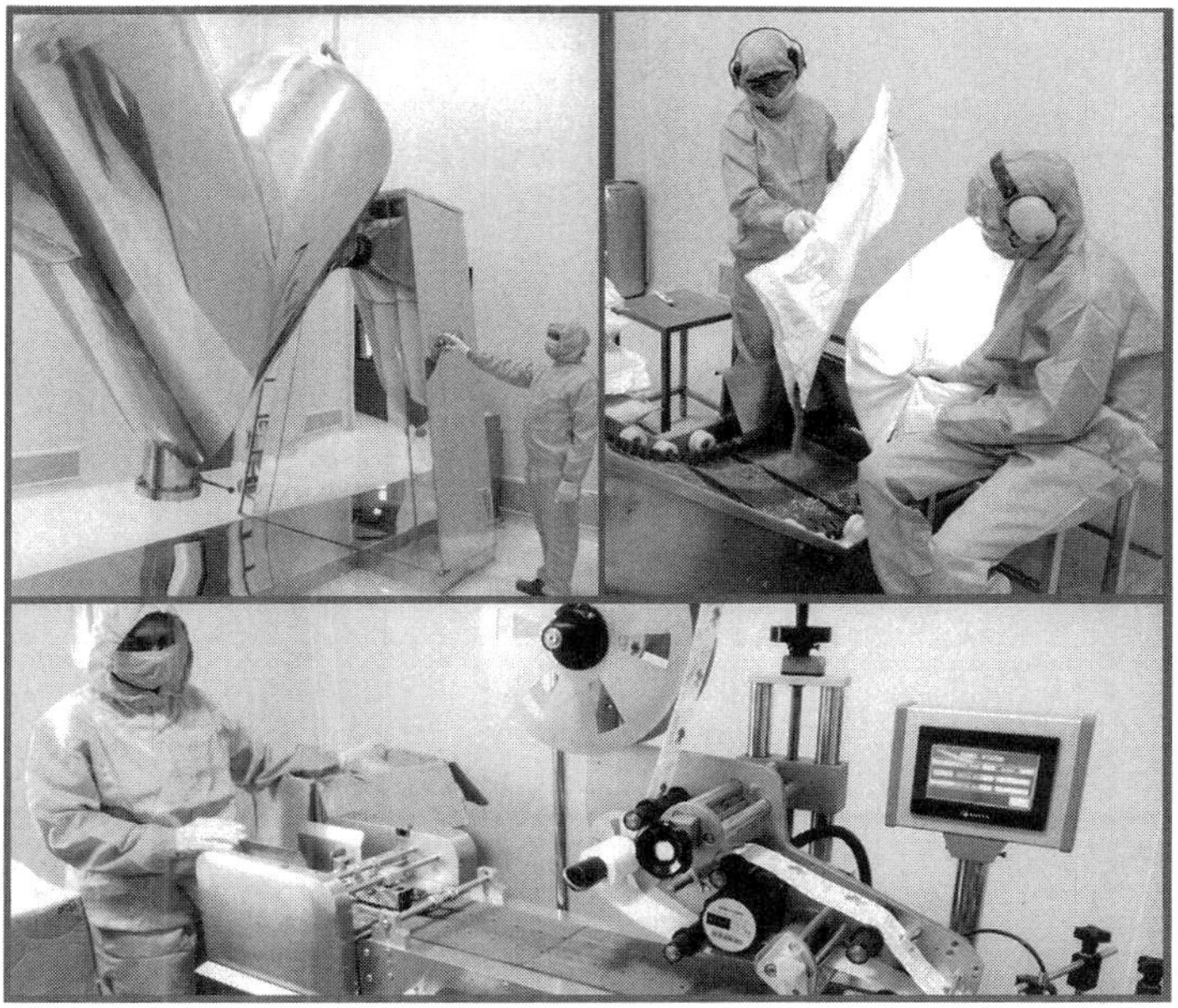

CNP社の工場内部は最新の機器が導入されている

氏を筆頭にした専門家やスタッフの叡智の結集の結果なのですが、特に、２０１７年に経皮吸収の研究を依頼に行った際に出会ったジョドプール・アーユルヴェーダ大学のマノージ・シャルマ教授が、この錠剤を作るために大変ご尽力下さったと聞き、私も再会を大変楽しみにしています。

　コロナ予防や症状の緩和には、体の抗酸化力および免疫力を可能な限り高めておくことが大切です。患者になってからの治療より、予防に力を注ぐほうが容易であることは明白です。

　２０２０年、私は新たな時代の始まりを予感します。新しい時代のキーワードは「共生」です。人はもちろん、動物や植物

が共生できる仕組みこそが未来のあるべき姿だと思います。農民を育て、教育し、豊かさを共に分かち合い地域を活性化させるといった循環経済を実現しているCNP社に敬意を表し、さらなる発展を祈念しつつ、私も共に歩む決意を新たにしました。

２０２０年度中にはCNP社から出荷される待望のアムラの製品を日本の皆さまにもご紹介させて頂ける予定です。もちろんエコサート他各種認証を取得し徹底した衛生管理のもと生産される製品です。

売り上げの一部はフェアトレードを通じて寄付されることになっています。皆さまのさらなる健康を願い、この翻訳本がより多くの方々に読まれ、エコロジー運動の助けになれば幸いです。

２０１４年1月28日に、私の希望で、タルン氏の案内で５００年の歴史があるというガネーシャ寺院にご一緒させて頂きました。その際、「自分たちの地位や名声ではなく、１００年後の人たちに、１００年前にこんなことをしていた人がいたという役目を果たそう」と誓いました。

その時に、「実はあなた以外に、僕は日本からジョドプールに到着したら、空港からまずここにお参りに来るご夫婦がいるんだ。シャルマ先生とイナムラ・ヒロエ・シャルマ先生というご夫婦なんだ」。その当時は、お名前だけは存じでおりましたが、面識はありませんでした。

そこから数年して、大阪の研究所を訪ね、また、今回、この本の監修をお引き受け頂くこととなりました。これは天の導きとしか思えません。

日本とインドの架け橋として、また、プラジャパティ親子と同郷で、長年の親交があり、日印のアー

ユルヴェーダの発展に偉大な功績をお持ちのシャルマ先生ご夫妻にお力添えを頂けましたことにも、心より感謝申し上げます。

また出版の意義を理解して下さった彩流社の方々にこの場をお借りしてお礼を申し上げたいと思います。

アーユルヴェーダの驚きの果実　アムラの真実　目次

II　アムラ　栽培の実践

Ⅲ アムラの使用法

Ⅳ 様々な処方

V 病気や体質に有効な使い方

序文——生物多様性を無視してきた私たち

ナラヤン・ダス・プラジャパティ
タルン・プラジャパティ

インドでは、薬用植物の需要が高まり、その栽培はとても盛んに栽培されるようになりました。しかし、薬用植物のための畑は、その他の作物を栽培する畑とは大きく異なります。穀類、豆類、油をとるための油脂作物、サトウキビ、綿などのように高い収入を得るための農業では、少しでも収穫量を上げるために、農地のすみやあぜ道にあった樹木を切り倒してきました。とくにインド独立（１９４７年）後は、食料生産を増加させるために、農地の樹木を邪魔者扱いしたのです。トラクターが使われるようになってからは、樹木はトラクターを走らせるのに邪魔になりました。私たちは無知のために残酷にも木々を切り倒していったのです。

アーム（マンゴー）、ジャームン（ムラサキフトモモ）、アムラ、ベーラ（ミカン科ベルノキ）、カイタ（ナガエミカン）、マフワー（イリッペ）、キラニー（サワノキ）、イムリーなどの樹木を私たちの先祖は日々の収入にもなることもあって大切に育ててきたのですが、私たちは自分たちの勝手な考えや必要から、これらの木を切り倒し、建築資材として売り払ってしまいました。

そうやって売ってしまえば、すぐに現金が手に入ります。しかし、毎年手に入ったはずのそれら樹木から得られる収入はそれ以後全く途絶えたばかりか、農地が持っていた生物多様性のある自然環境は完全に破壊されてしまったのです。樹木が私たちの農地にとってどれだけ大切なものだったのかを私たちは忘れてしまっていたのです。樹木を神からの恵みではなく呪いか何かのように勘違いし、かけがえのない「財産」であり、賢明な先祖たちが生んだ「知恵」を守り続けることができなかったのです。こうして、樹木を切り倒した農家の経済状況は悪化していきました。

インドでは、樹木はラクシュミー女神の住処だとされています。今再び私たちは、農地に常緑樹木が存在することがもっとも必要だと実感しています。樹木は作物にとって有害なのではなくむしろ有益であり、だから私たちは新しく樹木を植えて育てていかなければなりません。

薬用植物の樹木の農地に「生物の多様性」を必要とするさらに大きな理由があります。「生物の多様性」を無視して薬用植物の樹木を育てることは、まったく無駄なことであると言わざるを得ません。実際、薬用植物の農園では、樹木、蔓草、低木などの作り出す調和によって収穫量が増加し、また品質も良くなるのです。私たちは樹木から花、果実、葉、樹皮、根を得ることができますし、農地にとってはそれらが肥料となるのです。樹木は薬用植物の発育を助け、そして農地の土壌の湿気を長期間にわたって保持させ、農地の表面の土を、直射日光や雨から守ります。このように、多種多様な植物を植えることで、農家の皆さんは無数の利益を得ることができるのです。

アーユルヴェーダで使われる代表的果実「アムラ」は、ビタミンCを大量に含んでおり、インド国内では非常に人気があります。大量に入手することも可能で、家庭の常備薬、健康食としてインドで人気のあるアーユルヴェーダ薬「チャヴァナプラーシャ」の主要な原料でもあります。ヴェーダ文献の中でも多く記述がなされています。アシュヴィニー神はまさにこのアムラを使ってチャヴァナ仙（「仙」は聖者のこと）を若返らせました。このように、アムラは太古の昔から、若さを長期間に渡って持続させるために使用されてきました。

現代において人々の生活は昔と比べ大きく変化し、肉体的な負荷のかかる労働は減ったかわりに、頭を使う仕事が増え、消化しにくい食事をする機会が増え、ファストフードが好まれるようにもなりました。が、その結果、心臓病、糖尿病、ストレス（過緊張）、慢性的なだるさなど様々な病気が蔓延しています。アムラを日常的に摂取することで、これら多くの病気を防ぐことができます。実年齢より老化を遅らせることができます。

ＷＨＯの統計を見ると、２０１０年までにすべての先進国では、若者の人口に対して高齢者の人口比率が高くなり、さらにそのまま増加していくだろうと考えられていました。この状態は、健康という面で大きな社会的不均衡を生み出すでしょう。この不均衡を改善するためにもアムラを食生活の中により多く取り入れる必要があります。現代の食料生産の分野では、世界的に私たちが予想していた以上に発展しました。アムラは摂取する人の体内を浄化し、長期にわたり効果を持続させる成分を含んでいます。

現代のあらゆる健康上の問題の解決策は、アムラの中にまだ潜んでいます。その力を私たちは利用するべきなのです。

本書には、アムラの歴史、生育、様々な薬用成分、使用法、効果的な服用法、さらには栽培法から市場での取引についてまで、余すところなく記してあります。ちなみにインド国立薬用植物府は栽培を奨励する32種類の薬用植物を指定しました。アムラはその最上位に位置づけられています。インドでは、アムラの生産者が十分に利益を出せるようになっているのです。

I

アーユルヴェーダとアムラの基本

アーユルヴェーダとは

「アーユルヴェーダはどのようにして生まれたのか?」「いつ生まれたのか?」「アーユルヴェーダを学ぶことでいったい何の得があるのか?」。これらの問いに答える前に、アーユルヴェーダとは何を指しているのかをお話ししておかなければなりません。アーユルヴェーダの意味することが分からなければきっと興味もわきにくいでしょう。

インドの仙人たちはこのように書き残しました。

「肉体、感覚器官、器官、魂の結合、融和のことを「アーユ(生命、寿命)」と呼ぶ。その「アーユ」についての知識〔ヴェーダ〕を得て、全うすることができるようにする聖典を「アーユルヴェーダ」と呼ぶ」。

チャラカ仙はこのように伝えました。

有益な生命、無益な生命、幸福な生命、不幸な生命、これら四種の生命のために、なにが有益で何が有害なのか、生命についての結果が述べられている聖典、それがアーユルヴェーダである。

「アーユ」にとって有益、無益なものは何か、「アーユ」の利害について、また「アーユ」の結末がどのようなものになるのかを知ることができる知識、それを「アーユルヴェーダ」と呼ぶ。
またチャラカ仙はこのようにも伝えています。

> 生命にとって有益なもの、あるいは無益なものである病とその原因、その場で入手できるもので行うことが可能な治療、それを智者たちはアーユルヴェーダと呼ぶ。

「アーユ」の良い点と悪い点、病気の診断とその緩和、それを知恵ある者は「アーユルヴェーダ」と呼ぶというのです。

果たしてこの世界に、自分の命を少しでも長くしたいと思わない生き物がいるでしょうか。過酷な状況の中、とても耐えることができないような極度の肉体的、精神的な苦痛にあるなら、そのまま生きていることよりも死を選びたくなるでしょう。しかし、いざ目の前に死が姿を現すと、あと数日は生きてみたいという気持ちが芽生えるのではないでしょうか。この世界に生まれてきたすべての生き物は、この世界から急いで離れたいとは思わないものですし、もしそうなのだとしたら、私たちは病気の診断、原因究明、病気を治療する方法がわかるその学問を、多少なりとも知らなければなりません。

なぜ病気になったのか、どの病気なのか、その病気はどのように治療できるのか、何によって寿命は延び、何によって私たちの体はだめになっていくのか、人間はどのように死から逃げることができるのか、そしてどのようにして健康的に生きることができるのか。以上のことが「アーユルヴェーダ」の文献には詳細に記述されているのです。

「アナモーラ・ラトナ」（かけがえのない宝）

水、土、空気、暑さ、寒さ、日光、日陰といった値段を付けられないような大切なものを、私たちは買うことができません。つまり自然はそれらのものを私たちに無償で与えてくれたのです。私たちはその自然の資源を思慮深く使わなければなりません。何一つお金では買えないものなのです。

ナーラーヤナ・ダーサ・プラジャーパティ

アムラとは

アーユルヴェーダでは、ヴァータ（風）、ピッタ（火）、カパ（水）の三つの要素（ドーシャ）のバランスの上に体が成り立っていると捉えています。

酸味はヴァータを抑え、甘味と冷性はピッタを抑え、乾性と渋味はカパを抑える。このようにアムラの果実は三つのドーシャを自らの性質で抑制する。

『バーヴァ・プラカーシャ』

アムラは脳の活性化、若返り、神経を養い、下方への排泄を促す、咳を鎮める、皮膚病を治療し、アグニ〔消化の火〕の減退、食欲不振、咳、呼吸、皮膚病、虚弱体質と頭痛の改善のために使用します。

アムラはインド特有の樹木で、ヴェーダ時代の昔からその効果はよく知られ、薬物として病気の治療にも使われてきました。アーユルヴェーダ文献の中でもアムラは重要な位置をしめているので、楯部《たてぶ》〔護身用武具〕を使用する薬物はじめ鉱物薬にいたるまで、日常的に使われていない薬物は見当たりません。すなわち、材料として使われる薬剤までアムラは非常に多くの箇所で使われています。ほぼすべての方法でアムラは使われているのです。

『チャラカ・サンヒター〔本集〕』や『スシュルタ・サンヒター』といったアーユルヴェーダの聖典においても、アムラについてのエピソードが他の植物に対して不公平とさえ思われるほど出てきます。『チャラカ・サンヒター』では下剤類の薬剤グループの一つとして、また老化防止、解熱、咳止め、皮膚10種薬としてアムラの特性が述べられています。『スシュルタ・サンヒター』でも下方排泄薬、鎮痛薬として、消化器の様々な病気、貧血の際の特効薬として特にその使用について記されています。また強壮剤として有効な成分も含まれているので、服用法についての指示もされています。

チャラカ仙はアムラを使用した強壮剤、若返りの薬の製薬法を詳細に説明し、その効能を「チャヴァナ仙のような老人を若者にし、病気にならない体にする」と快活に述べています。事実、アムラには他の果実に比べて病気治療と健康増進の効果があることが証明されており、あらゆる病気を予防する力を持っている点においても、アーユルヴェーダの中でも最高のランクに位置づけられています。たとえばトリパラー、アーマラキャーディ・チュールナ、アーマラカ・ラサーヤナ、アーマラカ・グリタ、アーマラカーヴァレーハ、アーマラカーヤサ（ブラーフマ）ラサーヤナ、アーマラキャーディ・グティカー、ダートリャーリシュタ、ダートリー・ラウハなどのアーユルヴェーダ薬剤において使用され、配合する分量もそれぞれ規定されています。

ユナニ医学〔アラビア医学、イスラム医学〕の文献におけるアムラの使用法は、おおよそアーユルヴェーダ文献のそれに則ったものになっています。アムラのアラビア語での名称「アーマラジャ」、ペルシャ語での「アーマラー」は、サンスクリット語の「アーマラカ」の異形語です。

ユナニ医学でアムラは、ジャヴァーリシャ・アーマラー、ジャヴァーリシャ・アーマラー・ルールヴィー、アノーシャダール・サーダー、アノーシュダール・ルールヴィー、ローガン・アーマラー、トリーパラなどの薬剤で使用されています。

アーユルヴェーダでのアムラの用途の分類

アムラは用途により、次のような名前で呼ばれます。

ラサ（味）――アーユルヴェーダの分類での6つの味（甘味、酸味、塩味、辛味、苦味、渋味）から塩味を除いた5つの味がアムラにはあり、特に酸味と渋みが主要な味

グナ（属性）――重性、乾性、冷性

ヴィールヤ（薬力）――冷力

ヴィパーカ（消化後の味）――甘味

ドーシャカルマ――3つのドーシャの抑制

酸味によりヴァータを抑え、甘味と冷性によりピッタを抑え、乾性と渋味によりカパを抑える。
このようにアムラの果実は三つのドーシャを抑制する。

アムラは、右のような効能のなかでも、ピッタ・ドーシャの鎮静が顕著です。

使用する部位――果実

量――果汁10〜20mℓ

粉末――3〜6g

生育地

標高4500フィート（約1370メートル）までのインド全土。北部インド、ビハール州、ベンガル州などが主な産地で、インド南部でも生産されています。インド以外では中国、マレー半島、ミャンマー、スリランカなどでも見かけます。

アムラ——様々な言語での名称

アムラは言語によって様々な名称があります。

サンスクリット語———アーマラキー、ダートリー、ヴァヤハスター

アーマラキー＝アムラは塩味を除いた残り5つの味を備えているために、この名前がつきました。

ダートリー＝母親、乳母のような様々な性質を備えているため。

ヴァヤハスター＝寿命を延ばすことからヴァヤハスターと呼ばれています。

ヒンディー語———アームラー、アムラ、アーンヴァラー

ベンガーリー語———アーマラー、アーマラキー、アンボーラカー

マラヤーラム語———カーンバッター

カンナラ語———ネーッリー

テルグー語———ウサラカーマ、ウシーラカイ

マラーティー語――アムラ、アーンヴァラー
タミル語　――ネッリカイ
グジャラーティー語――カーティー・アーンヴァリー
ペルシャ語――アーマラジャ、アーマラ
シンディー語――ナッリー
英語――スター・グーズベリー
カントリー・グーズベリー
ラテン名――Emblica officinalis gaertn.
Syn.PHyllanthus emblica
商取引において使われる名称――アムラ、アムラ・マイローバラーン、
アムラ・グリーン、アムラ・スーカー

アムラの植物学的特徴

次にアムラの植物学的な特徴を説明します。

科――トウダイグサ科

分類――アムラは高さ6〜7・5メートルの中程度の高さの木です。枝と幹の皮は褐色、あ

るいは緑色でつやがあり細く、表面の膜のような皮はよく剥けています。葉のついた枝は長く、葉は毎年落ちます。

葉――――葉は長方形でシャミーやイムリーの葉のように羽状に整然と並んでいます。葉の長さはだいたい1・25㎝です。

花――――小さな黄色い花が長い枝に房のようになって咲きます。ライムの花のようなかすかな香りがあります。

果実――――直径1・25～2・5㎝の肉付きのよい円形で黄色がかった緑色をしています。熟してくると赤みがかってきます。果実の内部が6つに分かれていることを示す6本の線が表面にはあります。

種――――果実の中には核果（堅い殻の種）があり、核果はさらに3つに分かれます。分かれた中にはそれぞれ2つずつの三角形の種が入っています。

開花――――2月～3月

結実――――10月～4月

葉の成育の時期――――4月に葉が生えてきます。

構成する成分

小さな未熟のアムラの果実は緑色をしていますが、熟していくにしたがってうすい黄色やほのかな赤色になっていきます。アムラは酸っぱくて渋みがあります。果肉には水分81・2%、たんぱく質0・5%、脂質0・1%、ミネラル0・7%、繊維3・4%、炭水化物14・1%、カルシウム0・05%、リン0・02%、鉄分1・2㎎、ナイアシン（ニコチン酸）0・2㎎、ビタミンC600㎎、（100g中）が含まれています。

特に新鮮な果実の果肉には、ビタミンCが100g中720㎎、絞った果汁には921㎎（100㎖中）あり、またペクチンも多く含みます。また果実、樹皮、葉はタンニンを多く含んでいます。若木の部位別タンニン含有量の割合は、果実28%、細い枝の樹皮21%、幹の樹皮8～9%、葉22%の割合となっており、果実には2種類のタンニンが含まれています。一方は水で分解されると没食子酸とエラグ酸とブドウ糖に、他方はエラグ酸とブドウ糖になります。

Ⅱ

アムラ
栽培の実践

気候

アムラは熱帯気候地域の樹木で、亜熱帯気候、温暖湿潤気候（温帯気候）の場所でも栽培されています。ルー〔猛暑期のインドで吹く熱風〕と霜の被害をとても受けやすい植物です。

アムラは特に霜の被害を受けやすいのですが、成長したアムラの木は最低で0℃、最高で46℃まで耐えることができるとされています。また夏季の温度上昇はアムラのつぼみに開花の開始のための刺激を与えます。

アムラの農地には乾燥した土地が好まれます。

なぜなら湿度が高すぎるとアムラは成長し過ぎてしまい実りが少なくなってしまうからです。

アムラはスリランカ、ミャンマー、マレーシア、中国、ジャワ、タイ、東南アジアの島々、そしてインドに分布しています。インド亜大陸では北はヒマラヤ山脈山麓のジャンムー・カシミール州から東側、南は海岸沿いからスリランカまでアムラの樹木は見られます。インド国内ではウッタラ・プラデーシュ州、ウッタラーンチャル州、ラージャスターン州、ビハール州、マディヤプラデーシュ州、ジャンムー・カシミール州、西ベンガル州、パンジャーブ州、ハリヤーナ州、カルナータカ州、その他の州でも見られます。ウッタラーンチャル州ではガルヴァール、クマーユーン、シヴァーリカなどの地方の山の連なりの欠けたような場所では、アムラが森林のように広範囲にわたってはえています。同様に、ジャーンシーやヴィッディヤーンチャラの山の傾斜地でもアムラの木々のグループが多く見られますが、森で群生しているアムラの種子や果実は小さめです。

土壌

アムラの果実はとても我慢強いです。わずかに酸性の土壌から、塩分が高くナトリウムを含む土壌（pH６・５〜８・５）まで、あらゆる種類の土地で栽培できます。

アムラは塩分に対して中程度の強さがある種類に分類されています。

これまでの研究によると、種または接ぎ木で育ったアムラの若木は、８ＥＳＰの塩分の高い土壌や、40ＥＳＰのナトリウムを含んだ土壌でも育つことが判明しています。

ナトリウムを多く含む（60ＥＳＰ以上の）土地ではアムラを植える前に、ジプサム（焼石膏）またはパイライト（ＦｅＦ$_2$）50％／gmなどでその対策をしなければなりません。塩分が高い、あるいはナトリウムを多く含んでいる土地では、窒素、リン、カルシウム、マグネシウムなどの栄養が明らかに不足しています。ガルグとカンドゥージャーの１９７６年の発表によると、このような土壌ではアムラの葉にもナトリウムが多く含まれ、特に60〜75ＥＳＰでは、葉の縁が干からびるなど多くの被害を受け、さら

には木が枯れてしまう可能性もあります。（ティヴァリー及びパータカ、１９８３〜１９８４）

また、アムラを植える土地の地下1メートルかそれより浅いところに固い地層があると、植えてから6〜8年後にアムラの成長に悪影響がでてしまいます。ですから植える前に固い地層をくずして、アムラが深くまで根を伸ばすことができるようにしなければなりません。

一般的に肥沃な土地ではアムラの植物としての成長はしっかりとしたものになり、そのため〔かえって〕実りも少なくなります。肥沃な土地では、アムラを優先して育てることはありません。

アムラの木は、それほど栄養がない農地のはじっこのようなところで育てるのに適しているのです。

農園の準備

アムラを植える前に、地面をしっかり耕して平らにしましょう。また水やりのきちんとできるような設備がない場合は整えておきましょう。

五月〜八月の間に、１㎥程度の穴を掘ります。もし深さ1〜３ｍまでに固い地層があったら、その層を崩してしっかりと掘ります。そして、その穴を10〜15日の間、日光に当てます。それから50〜60㎏の牛糞の肥料と０・５〜１・０㎏の骨粉の肥料を土に混ぜて、掘った穴を埋め戻します。

ナトリウムを含んだ塩分の高い土壌では、すぐに埋め戻したりせず、雨水を穴に溜めておきます。溜まった雨水は汲み出して下さい。この手順を2、３回繰り返すと水に溶けやすい塩の量を減らすことができます。そして穴の土の塩分濃度の計測結果に従って、先にあげたものを土によく混ぜて埋め戻しましょう。

品種

「バナーラシー」と呼ばれる品種のアムラはその質の高さと見た目の美しさでとても有名ですが、以前は今よりもずっと少ない地域に生息していました。ところどころで疎らに生えている、あるいは小さな庭園に植えられているところを見る程度でした。

バナーラシー種の栽培はその名の通りバナーラス〔ヴァーラーナシー〕とその周辺で盛んに行われています。

この40年でアムラの栽培は大規模で商業的になってきています。今では緑色が強いもの、赤が強いもの、ピンクっぽい色のもの、白い縦縞模様のもの、プラターパガル県の繊維の少ないもの、「バーンシーラーラ」や楕円形のものなど様々なアムラが見られますが、それらのほとんどはプラターパガル県で改良されたものです。プラタープガラ県にはアムラの大きな農園があります。

では、アムラのいろいろな品種を順に見ていきましょう。

バナーラシー種

バナーラシー種のアムラは最高の品種とされています。小さなボールくらいの大きさのその実は他の品種より大ぶりで白い線は入っていません。表面は半透明でツヤがあり、でこぼこがなく油性でツルツルしています。重さはだいたい70g、高さは4・6㎝くらい、幅は4・7㎝程度です。ちなみに上下の円周は14・5㎝程度、一番膨らんだ横の円周は15・5㎝くらいです。

果実には縦に6~8本の薄い線があり、その線と同じように中の実も6つから8つに分かれていて、表面の線と線の間は少し膨らんでいます。

果実の上のほうはたいてい少し膨らんで角ばっていて、中央に向かうとへこみがあります。へこみの深さは中ぐらいで、狭く円形にへこんでいます。

バナーラシー種はとても日持ちする品種で、ムラッバー〔インド風ジャム〕を作るのにも最適です。摘み取ってから10日間は全く悪くなりませんが、実が少なく実りが不規則であるのが欠点です。

殻がついた種（核果）は長さ1・7㎝、幅は2・1㎝くらいで、茎は外からは通常見えませんが、長さ3~5㎜くらいのものがあります。

果実は核果を中心に八つに分割されています。核果は上から見ると四角形をしています。核果も盛り上がりがあり八つに分割されていますが、盛り上がりは四つが大きく残りの四つは小さめです。果実が八つに分割されている場合は、核果の中の分割も八つ、果実が六つに分割されている場合は核果の分割も六つです。核果の殻の中にある種は焦げ茶色をしています。一粒の長さは8㎜、幅4㎜、奥行き3・

５㎜くらいです。

樹木は高く、枝は四方に伸び広がります。小さな羽状葉《うじょうよう》のついた枝は長さ34・５㎝、根元の太さは０・４㎝程度です。一葉は長さ２・２㎝、幅０・４㎝で縁はまっすぐで角は丸みを帯びていますが先の方は尖っています。

キラー種

キラー種は「ラージャバーグ」、「フラシンス」、「ハーティージューラ」とも呼ばれています。実は丸く大きく半透明で、全体に緑色でところどころ薄黄色をしています。

果実には全体に白い斑点が見られ、下の方に行くほど少し色が濃くなります。重さは65・58g、長さ４・44㎝、幅は５・14㎝くらいが平均的なキラー種の果実です。実にははっきりとした６本の白い線があり、線の部分はへこんでいて、中の実もそれに合わせて分割されています。この線は上のほうより下のほうが太くなっています。分割と分割の間はやや盛り上がっており、実の上部も下部も同様に丸みを帯びています。

果実のてっぺんには一般的に小さく深いへこみがあり、底には広く浅い丸いへこみがあります。実りは良く、定期的に安定して身をつけます。

この種のアムラもムラッバー〔インド風ジャム〕を作るのに適しており、また保存もききます。

ただここ数年の、キラー種は木々を衰弱させる病気の影響を受けるようになりました。この病気によって60~80％の実が大きくなるまでに黒ずんでしまうこともあります。黒ずみはほとんどが実の底のほうでおきますが外からでもわかります。

核果は高さ1・65㎝、幅が1・8㎝程度、核果の茎は長さ5㎜、幅3㎜くらいです。核果の中の種は暗褐色で一粒が長さ7・5㎜、幅が3・5㎜です。

キラー種の枝も横に広がり、よく揺れているところを目にすることができます。小さめの枝で長さ44・75㎝、葉は長さ1・65㎝、幅が0・39㎝です。

チャカイヤー種

チャカイヤー種は「グーララヒヤー」とも呼ばれています。果実は半透明で平べったく、緑色で表面にはこぼこがなく光沢があります。果実の重さは36・43g、長さ4・3㎝、横幅は4・95㎝です。全体に幅広でぽっちゃりしています。果実の頭頂部から底にかけて6本の薄い白い線があり、中身も合わせて分割されていますが、線に合わせたへこみや盛り上がりはありません。

実の上の方は平らでやや丸みを帯びていますが、底の方は真っ平らです。てっぺんのへこみはごくわずかで、底のへこみは広く、深く丸い形をしています。

果実には繊維がとても少なく、全く感じないくらいです。ムラッバーを作るのに適しているのですが煮るときにはとても注意が必要です。煮すぎてしまうと割れ目からすぐに分かれてバラバラになってしまうのです。

実はよくつき、房のようになって実ります。日持ちもします。果実には外側からの茎がありませんが、果肉を取り出すとに核果に茎がついているのが見えます。

核果には縦長に盛り上がりを持った分割の筋があります。核果の長さ、幅はともに1・4㎝で見た目はまん丸です。核果の茎は小さく太く、長さ5㎜太さは2㎜です。核果の中の種は焦げ茶色で6つあります。長さは7㎜、幅は3・5㎜、奥行きは3㎜です。

枝は99パーセントが上方に伸びていきます。小さな枝は38・35㎝の長さ、ついている葉は長さ1・52㎝、幅0・38㎝です。

マドゥプラ・ヌキーラー種

電球のような形をした実は、上部が尖って細くなっています。白みがかった薄緑色の半透明の果実は、重さ58・30g、高さ5・08㎝、幅が4・69㎝と縦長の形をしています。

実の上から下へ縦に白く太い線が入っていて、その線とともに内部は六つに分かれています。表面に白い点が見られることもあります。果実の上部は細く、底の方は平べったい形をしています。てっぺんにあるへこみは際立って狭く深く、底のほうのへこみは広く深いものです。筋はごくわずかです。日持ちはとても良く、常温で15日間もちます。実りも大変良く、ジャムを作るのに適しているとされています。

核果の長さは1・6㎝、幅が1・6㎝。茎は長さ5・2㎜、幅2・5㎜。核果の中の種は薄い褐色で長さ6・5㎜、幅が1・6㎜です。木の高さは中程度で、枝は上に向かって伸びていきます。

マドゥプラ種（黄土色、濃緑色の果実の品種）

マドゥプラ種は不透明で黄土色から濃緑色をしているもので、形は丸みを帯びています。重さは43・72g、長さ3・04㎝、横幅3・55㎝あります。

果実は6つに分かれていて、縦方向の6本の白い線の通りに中の果肉は分割されています。上部は丸く底部は丸みを帯びながらも平らになっています。日持ちは良く、繊維は少なめです。ムラッバーを作るのに良いのですが、色はそれほど魅力的なものではありません。また実もそれほど多くありません。核果の長さ1・3㎝、幅が1・35㎝で、核果の中の種は褐色で長さ6・5㎜、幅が3・0㎜、奥行きは3・5㎜です。樹木は高くまで育ち、枝は横に広がって伸びていきます。

ラーラ種

ラーラ種の実は他の品種に比べると小ぶりです。半透明で白みがかった薄い緑色の実は、下部に向かうほど惹きつけられるような赤色をしています。重さは29・15g、高さは3・8㎝、横幅は3・8㎝、縦方向に太く平らな白い線があり、線の通りに果肉も6つに分かれています。

実は上も下も丸くなっていて、一番上のへこみは小さく狭く、下のへこみは広く丸い形をしています。繊維は中程度にあり、実も中程度です。ムラッバーを作るのには適しているのですが、潰すのが多少面倒です。

カンチャナ種（ナレンドラ・アムラ4）

この品種の実は小さなものから中程度のものまであり、少し縦長の丸みを帯びたものもあります。色はうっすら黄色がかった黄土色で半透明です。重さは20g、縦の長さが3・3㎝、横の長さ3・2㎝、縦方向の周囲は10・35㎝、横方向の周囲は10・25㎝です。

実は白い線によって縦方向に6つに分割されています。実の上部、下部ともに丸く、てっぺんのへこみはとても狭く浅いもので、下部のへこみもだいたいにおいて狭く浅いです。とても日持ちがよく、繊維はやや少ない方ですので、ムラッバー〔インド風ジャム〕を作るのに適しています。また、カンチャン種はメスの花の数の方が多いのも特徴の一つです。

核果は茎を抜かした上下の長さが1・3㎝、横の長さも1・3㎝、茎は長く（9・0㎜）、細い（1・2㎜）です。

核果には同程度の盛り上がりが6つあり、はっきりとした割れ目があります。核果の中に種は六つあり、それぞれが長さ6㎜、横幅3・0㎜、奥行きが3・2㎜で褐色をしています。

木は高く、枝は横に広がり折れやすく、小さな細枝は長さが39・0㎝、太さは0・3㎝です。葉はクリシュナ種に比べると長く見えます。一枚の長さは1・8㎝、根元のほうの幅は0・4㎝で、一般的に団扇のように茎が葉についています。葉の先端も根元も丸みを帯びていますが、先端には尖った点があります。プラターパガルの「カンチャン種」のアムラを、ファイザーバード・ナレンドラ農業技術大学は「ナレンドラ・アムラ４」と名付けました。

クリシュナ種（ナレンドラ・アムラ5）

中程度からそれ以上の大きさで平べったいクリシュナ種のアムラの実は、緑色の部分のある黄色っぽい白色をしています。表面は光沢がありツルツルで半透明です。完全に熟した時には、実の色は筋の近くがわずかに赤くなります。50ｇの重さで、高さ、幅はそれぞれ４・６㎝、４・７㎝、縦の周囲は14・５㎝、横の周囲は15・５㎝です。頭頂はやや角ばって傾斜しており、下部は丸くなっています。６〜８本の線によってだいたい６つ、たまに８つに分かれていて、分かれているそれぞれの上部は膨らんでいます。上のへこみは中程度の深さで狭く、下のへこみは中程度の深さですが広く円形をしています。日持ちは良く、繊維も一応はありますがそれでも申し訳程度です。ムラッバーを作るのに適した品種の１つで、熟しても実が割れることはありません。実りも良いです。

核果は２㎝の長さで１・７㎝の幅があり、茎は５・０㎜の長さ、２・５㎜の太さです。核果は上から見ると三角形になっており、膨らみをもったはっきりとした筋で六つに分かれています。六つともに同じ長さの時もあれば、三つが長く残りの３つがやや短い場合もあります。

種子の数はたいていの場合６つです。色は焦げ茶色か暗褐色で、長さ８・０㎜、幅が４・２㎜、奥行きが３・５㎜です。

樹木は大きく、枝はバナーラシー種のように横に広がっています。細枝は長さ47・5㎝、根元の近くの太さは0・3㎝です。
葉は根元も先も丸いですが、先の先端に尖った点があります。葉の色は、カンチャン種に比べて薄い緑色です。
プラターパガル県のパタハティヤー村で育ったクリシュナ種の若木は、ファイザーバードのアーチャールヤ・ナレンドラデーウ農業技術大学に植えられ、そこで「ナレンドラ5」と名付けられました。現在ではこの品種は「クリシュナ種」の他に「ナレンドラ5」の名称でも呼ばれ、広められています。

バスティー種

果実は丸く平べったく3・5㎝程度で、結実もとても良いとされ、ムラッバー〔インド風ジャム〕を作るのに適していますが、研究によると実際にはチャカイヤー種と同じ品種であると判りました。

ナレンドラ・アムラ6

ファイザーバード・ナレンドラ農業技術大学によって、チャカイヤー種の中から選別された品種です。実は丸く中程度の大きさ、表面は滑らかで光沢があり、黄色～緑色をしています。果肉の筋はほぼ無く、メスの花の数は平均的、果実の生産性も中程度です。

ナレンドラ・アムラ7（ナディヤー・ケ・パール）

ファイザーバード・ナレンドラ農業技術大学によってキラー（フラシンス）種の種から育てた苗木から特に選別された品種です。プラターパガル県に元々あったこの品種のアムラは、「ナディヤー・ケ・パール〔「川の向こう」の意〕の名前でも知られています。上記の大学ではこの品種について特に研究が行われ、現在では「ナレンドラ・アムラ7」の名前でとても良く知られています。

果実の大きさは中〜大、やや縦長の球形、重さ40〜50g、ツルツルで薄い黄色をしています。やや繊維があります。この品種はフラシンス種の種子から育った品種ですが、フラシンス種に広がった病気の影響を受けませんでした。

実をつけることのできるメスの花も一本の枝に多いので、とてもたくさんの実をつけることができます。また、他の品種では実がなるまでに9〜10年前かかりますが、この品種は3〜4年で実をつけます。木はまっすぐ上に向って育ち、11月中頃から12月中頃に実がなります。

ナレンドラ・アムラ10（バルワント・アムラ）

アーグラー県のバルワント・ラージプート・カレッジによって選別された品種です。この品種の若木はファイザーバード・アーチャールヤ・ナレンドラデーヴァ農業技術大学で「ナレンドラ10」の名前で植樹されました。早い時期に収穫できる品種で、バナーラシー種と同程度の良い品種として知られています。

F・A～8種、9種、11種

これらの品種のアムラは、ファイザーバード・ナレンドラ農業技術大学で識別された品種です。

ガンガー・バナーラシー種

ウッタル・プラデーシュ州プラタープガル県ゴーンデー村で育ったこの品種のアムラの実はとても大きく乳白色をしています。房のように実がなり、繊維は少なく、実が落ちてしまうことも少ない品種です。ゴーンデー村のプラタープ・アムラ育成センターの所長の話では、ガンガー・バナーラシー種はとてもたくさんの実をつけるとのことです。

デーシー種

デーシー種の樹木はとても大きく高さもあります。たくさんの実をつけますが、ひとつひとつの実は小さいです。デーシー種の果実には繊維が少ないものも多いものもあります。この品種の実はアチャーラ〔インドの漬け物〕、チャトニー、チャヴァナプラーシャ、トリパラーを作るのに適しており、また乾燥させてからもよく使われます。木は接ぎ木の台木にするために植えておくことが多いです。実を結ばないなどの問題が起きた時に他のアムラの枝を接木したり、また他のアムラの木の花との受粉のために、数本植えられたりしています。

その他の品種

カーンプルのチャンドラシェーカル・アーザード農業技術大学で１９７８年から１９７９年の間にアムラの10の異なる栽培種の果実を作り出すための調査が行われました。使用されたアムラの木々は樹齢20年のもので、同大学の園芸学部によって植えられたものでした。

この調査に使用されるアムラの実はすべて、実がなってから２７５日後に摘み取られました。結果として判明したのは、バナーラシー種の栽培種Ｖ２が一番大きく、容量、重さともある実をつけました。しかし食用に適しているかいないかの比率では栽培種Ｖ７が、水分量の多さではＶ６、一番水分を含んでいないのはＶ４ということが判明しました。

これらの品種以外にも、プラターパガル県（ウッタル・プラデーシュ州）にあるアムラ育成センターの所長たちが、いくつかの品種を選別しました。選ばれた品種はすでに名前もつけられているので、ウッタル・プラデーシュ州政府の園芸部によるより詳細な調査と認定が待たれるところです。以下にそれらの品種をあげます。

1．ナイー・ジャムナー種

ゴーンデー村のプラターパ・アムラ育成センターが選別したこの品種の特徴は、1年目から実をつけることだそうです。

2．アーローカ・ババール種

ゴーンデー村のアーローカ・アムラ園によって優れた点が報告されているこの品種の開発は、フラシンス種（キラー種）の若木から行われました。実は大きく濃い緑をしています。

3. アムリタ・バハール・チャカイヤー種

同じくゴーンデー村にあるナーラーヤナ・アムラ園がこの品種を開発したと伝えました。

4. アワド・ビハール・デーシー種

ゴーンデー村のアワド・アムラ育成センターがこの品種の質が高いことを伝えました。実は鮮やかな緑色でとても大きいです。多くの実を、しかも規則正しく定期的につけます。

5. シャーマ・バハール種

シャーマ・アムラ園（ゴーンデー）によってチャカイヤー種の中からこの品種が作られました。実の色は濃い緑色、大ぶりな実です。

6. ラジェンドラ・バハール・チャカイヤー種

ラジェンドラ・アムラ園によってこの品種の素晴らしい点が伝えられています。

7. マンガラ・バハール・チャカイヤー種

サルケールプルにあるチョウパイー村のマンガラ・アムラ育成センターによって、このマンガラ・バハール・チャカイヤー種の優れた点が報告されています。

8. ソウラバ・バナーラシー種

マドゥプラのカーパー地区ベーニープル村にあるソウラバ・アムラ育成センターによってこの品種の特色が伝えられました。

栽培方法（種子〜苗作り）

アムラは種から育てる方法と、接ぎ木（芽接ぎ）によって育てる方法で繁殖させることができます。

種から育てる方法

アムラの種を蒔いて、実をつけることのできるアムラの苗木を準備します。苗木は必要に応じて農園に植え替えるのに使います。苗木はそれ以外にも、植物の持つ他の植物を使って成長する力を使い繁殖させる「芽接ぎ」や「枝接ぎ」のための「穂木《ほぎ》」を作るために、また同様に接ぎ木で接がれるほうとなる「台木」とするために種から育てられます。

種からアムラの苗木を育てるには、まずデーシー種の充分に熟したアムラの実を木からもぎとります。実が熟しているかどうかは、緑色の実が、黄色または赤くなっているかで見極めます。熟したアムラの実は中にある核果が茶色になっています。もし核果の色が緑色ならまだ熟していません。

アムラの実は1月までに完全に熟します。そのため2月には熟した実を集めておかなければなりません。その後、清潔でツルツルした場所に拡げておいて日光に充分あてます。日光にあたることで果肉が乾燥して、実が割れ始めます。その際、果肉と核果が分離することもあります。その後、核果がぱちんと割れて核果の中から種が飛び出します。果肉と核果が別々になる前に核果がはじけて種が飛び出すこともあります。種は遠くまで弾けとぶこともあるので、実を乾燥させる時は周りに木製の台や板を置いて種の飛散を防止するのも良いでしょう。乾燥して核果と分離した果肉は他の用途に使えます。種はしっかりと集めておきましょう。

それから種をはたいてゴミを取り除き、バケツの中で水につけておきます。しばらく浸けておかなければなりませんが、途中で木製の棒などで種をかきまわしてあげましょう。いくつかの種が水面に浮かんできたら、それらは取り除きます。沈んだままの種はバケツから取り出して水気を切り、今度は日陰で乾燥させます。翌日乾いた種をまとめて安全な場所に置いておきましょう。

種を蒔く前には、種に雌牛の尿をかけるなどの世話をしなければなりません。種から実をつけるアムラの木を育てるためにアムラ園などでは、ビニール袋に土や堆肥を入れてその中に種を植えます。

実から種を取り出した後のこれらの作業は3月中に行うのが最適です。（2、3ヶ月後の）雨季（7月と8月）には農地に植えることができるからです。

「枝接ぎ」「芽接ぎ」で育てる方法

種から育ったアムラの木の果実は、ムラッバー〔インド風ジャム〕を作るのにはあまり適していません。ですのでいくつかの方法で枝接ぎや芽接ぎなどをして、実の品質の良い木を育てましょう。種から育った苗木は一年経った頃に、接ぎ木の台木〔接がれる方の木〕になります。

1．芽接ぎ

これまでの研究の結果から簡単で安価なアムラの接木の方法がわかっていますが、芽接ぎは成功することが多い方法です。この方法が広まったことで、枝接ぎのような難しい繁殖の方法は今では昔のものとなりました。

サハーランプル県では、6月の初旬に新しく育った元気な若木に芽接ぎをしたところ、その70％が成功しました。また81％まで成功した例（A new technique for propagating anwala, 'Science and culture', 17, p345 ~ 46, 1952）や、プラターパガル県で11月にI字法（62ページ参照）での75％の成功（Bidding in anwala, 'Science and culture', 28,p486, 1962）、果実研究センターの群生種での3、4月から8、9月でのペーンチ法での成功（Propagating anwala I bidding, 'Gardening', p19 ~ 20, September 1969）などがあります。

カーンプル県のチャンドラシェーカラ・アーザード農業技術大学と、ヴァーラーナシー市のバナーラス・ヒンドゥー大学では、「ファールカルト法」と「ペーンチ法」（63ページ参照）によってさらに良い成果をおさめました。

アーチャールヤ・ナレンドラデーヴァ農業技術大学ではペーンチ法、サンパリワルティット（交換）リング法（64ページ参照）、シールド法などの方法でアムラの若木の繁殖を行ってきました。その中でもやはりペーンチ法の芽接ぎによるものの成果が良く、73・02％の芽が新しい台木で定着しました。次がサンパリワルティット・リング法で67・04％の芽が定着しました。芽接ぎなどの接木をするのに適しているのは3月15日~8月15日の間です。

それでは様々な接ぎ木の仕方を見ていきましょう。

（A）シールド法

シールド法はT字法とも呼ばれている芽接ぎ法です。台木の地面から15～20㎝のところにナイフで垂直に4～5㎝の切り込みをいれ、その切り込みの上の部分に台木の周囲の3分の1程度の長さで水平に切り込みをいれます。これでアルファベットのTの字のようになります。

さて、次は接ぐほうの芽を選びますが、しっかりした枝に最初に盛り上がって出た元気のある芽を選びましょう。その芽の周囲を、枝の太さの3分の1程度の広さで切り取ります。その時ナイフの刃は、芽の下から上に向けて斜めの方向に差し込みナイフを進めます。芽の上に水平にまっすぐ切り込みを入れると、シールド〔盾〕や小舟のような形で芽と芽の周囲が切り取れます。この形からこの方法をシールド法と呼ぶようになりました。切り取られた周囲の樹皮を含む芽は、2・5～3・0㎝の大きさにしておきましょう。

さて、盾の形に芽を切り取ったら、今度は台木の切り込みを入れた部分を、ナイフの背を使って揉んで柔らかくしておきます。切り取った芽をこの台木の切り込みにあてて、上から藁やバナナの繊維で結んで留めておきます。留めた芽の周囲を完全に閉じられていなくても構いません。

また最近ではビニールの紐も留めるのに使われています。

（B）I字法

台木となる一歳のアムラの若木の幹の樹皮に4・5㎝の長さで、アルファベットのIの字の形で切り口をいれます。この切り口は地面から15～20㎝のところです。作業を行うのは9月上旬、第2週目くらいが最適です。

台木に切り口を入れた後、ナイフの背中を使って樹皮を柔らかくします。それから今度は、繁殖させたい品質のアムラの芽を選び、2・5～3・5㎝の長さの盾の形で周囲から切り取ります。芽接ぎに選ばれた、膨らんで健康な芽の下の方からナイフを斜めに入れ、上に向かって樹皮を剥ぐようにし、芽よりも上の位置までナイフがきたら、その位置で別にナイフで切り込みを入れて、芽と周囲の樹皮を取り出します。

芽は切り取った部分の中央に来るように切り取りましょう。枝から取り出した芽の周りの樹皮は台木の切り込みを入れた幹と切り込みによって剥けた樹皮の隙間にはめます。芽の部分も樹皮と幹との隙間に入るようにします。そして移植した芽の周囲を藁やバナナの繊維、またはビニールの紐で幹周りと結びつけます。芽をはめた切り込みの少し上と下の部分も余計に結んでおきましょう。

このようにしてI字法でアムラの若木に移植された芽は、1月の終わりまではその場所で深い眠りの中にいます。2月の最後の週になると突然目覚めて芽を出します。多くの芽は2月の終わりから3月の終わりまでの間に芽吹きます。

一度芽吹いた芽はその後驚くほどの速さで成長し、翌年までに120～150㎝程の長さの枝になります。そしてその年の雨季にはアムラの実をつけるようになります。

（C）ペーンチ法

果実研究センターでは現地での検査結果から、ペーンチ法での繁殖には3、4月から8、9月の間が最良であるとわかりました。その期間に1歳の若木の台木を使ってペーンチ法での接木をします。

まずは望みの品種のアムラの細枝の選定をします。穂木はそこから取り出しますが、その中には良く成長しそうな芽がなければいけません。その細枝を切り取って、濡れた布やコケのついた藁で包んで安全な場所に置いておきましょう。細枝を選んで切り落とした後、その切り落とした枝の中から今度は芽を選び出します。次にその枝の樹皮に0・5㎜の間をあけて、2、3㎝の長さの切り込みを2本つけます。2本の切り込みは、その中央に選んだ芽が位置するようにいれます。その後、縦方向につけた2本の切り込みの上下の端に水平方向にも2本の切れ目をいれ、縦方向の切り込みにつなげます。

これらの切れ目をいれた後、ナイフで樹皮を柔らかくしてから、中心に芽を含んだ縦2㎝、幅0・5㎝の長方形を枝の表面から切り取ります。次に、台木にする種から育った若木の幹の、地面から15～25㎝の高さのところに、先程切り取った芽のついた樹皮と同じ寸法で印をつけます。ナイフでその印の通りに樹皮を切り取りましょう。芽のついた樹皮と、台木の樹皮を切り取った部分の大きさは同じでなければなりません。芽のついた樹皮を台木の樹皮を切り取った部分にあて、藁、バナナか亜麻の繊維、ビニールのテープで丁寧に固定します。その際、切り取った芽の部分は外部に露出しているようにして下さい。

ビニールのテープを使用した場合は、芽のついた樹皮が定着した後テープを剥がす際に、定着した樹皮ごと剥がしてしまわないように用心深く作業を行って下さい。また、定着してからテープを剥がさなかったり、剥がすのが遅れたりした場合は台木の成長によって芽のついた樹皮と幹がテープに圧迫されたままの状態になってしまいます。このことは若木の健康な成長にはマイナスになってしまいます。

芽のついた樹皮は、台木に約2週間で定着します。定着した後、芽のついたところから約3㎝上で、剪定ばさみで保護しながら台木の幹を切りましょう。こうすることで芽吹きに勢いが増し、成長が促進されます。ペーンチ法ではこのようにして台木に新しい枝を作ります。

（D）サンパリワルティット（相互交換）・リング法
サンパリワルティット・リング法は枝同士を交換する方法です。この方法でもペーンチ法やI字法のように樹皮を切り取りますが、樹皮をリングのような形に切り取ります。そのリングに健康な芽も含まれています。選び出した芽の後ろにまっすぐ切り込みをいれ、芽の上と下を枝の周囲に沿って切ります。樹皮を柔らかくしてから樹皮を取り外します。

このリング状の樹皮と同じサイズ、形で、台木の樹皮も切り取ります。台木の切り取られた場所に、芽のついたリング状の樹皮を覆い被せビニールテープかバナナの繊維の紐で結びつけます。

（E）接木をする場所について――本来の場所で接木をする

アムラの苗木を苗床からとった後、根が切れてしまうと苗木が枯れてしまうことがしばしばあります。ですから苗木は農地で一番良い場所に植えなければなりません。そしてそのように植えられた台木に、自分の好きな品種のアムラの接木をして下さい。

こうして育った若木の根はとても丈夫で、移植の間に枯れてしまう可能性もありません。

一番の場所で接木をするためには、しかるべき時に心を落ち着かせてから、しっかり間隔をあけて線を引いて穴を掘り、堆肥と土を埋め戻しましょう。そういう場所にアムラの苗木を植えましょう。苗木を植えるかわりに、アムラの種を植えるのも良いでしょう。その場所で種から育つと、より丈夫に育つからです。1歳になった若木には、状況に合わせて接木の芽や穂木を準備し、I字法やペーンチ法で接木し、アムラの農園を作ることもできます。

2．枝接ぎ

枝接ぎをするためには1歳くらいの若いアムラの台木がいります。また移植元のアムラは移植先の台木と同程度の太さでなければなりません。

穂木を接ぐ前に、選定した穂木のついたアムラの木（移植元）のそばに、台木（移植先）を植え替えなければなりません。台木の根がしっかりとついたら、その枝と穂木側の枝のどちらも、4～5㎝の長さで枝の周囲の3分の1の樹皮を切り取ります。台木側の樹皮を切り取るのは、地上から25㎝の高さのところです。

台木側と穂木側の樹皮を切り取る際は、どちらもぴったりのサイズで合わさるように注意深く行って下さい。どちらかにでも少しの隙間もあってはいけません。ぴったりとくっつけた後は双方を柔らかい紐で巻きつけて下さい。２ヶ月後にはどちらもお互いに張り付いて一緒になります。

台木側と穂木側の枝が一つに結びついた後、台木の根は地面から養分を吸い上げて穂木側の枝にも分け与えています。こうして穂木側の枝も成長を続けます。この状態になってから結合部の上２㎝を残して穂木側を切りましょう。穂木側の枝を一度に切って、うっかり切り分けてしまわないでください。〔結合部の下を〕切り取る際は、まず穂木側の枝に斜め上からと斜め下からナイフをいれて、枝の太さの４分の１から３分の１のところで双方の切り込みが合うように切り取ります。５㎜の幅の〔横にたおした〕アルファベットのVの形のようになります。10日後に同じ場所を同様にさらに３分の１切り取ります。その２週間後にやっと完全に穂木側の枝を完全に切って別々にします。役目の終わった穂木側のアムラの木は、その場所に２ヶ月間は植えておきましょう。２ヶ月たったらまた別な場所に移植します。

枝接ぎの作業は7月、８月の雨季の間に行いましょう。穂木になるアムラは雨季のうちに、その年の2月３月に準備した堆肥の入った苗床に移植します。ちなみに枝接ぎのことをサーター法とも呼びます。

枝接ぎで繁殖するのは芽接ぎに比べると簡単ではなく、コスト的にも高くつきます。それ以外にも穂木側のアムラを移し変える時に折れてしまうリスクもあります。とはいえ、枝接ぎも60～70％の率で成功します。

3．グッティー法（組織移植法）

果実研究センター（現、産業実験訓練センター）が行なった実験によると、アムラの繁殖は組織移植によっても可能であるとのことでした。この方法を実施するためにはセラジックス〔インドール酪酸〕と呼ばれる調整剤を使う必要があります。グッティー（組織）を移植するのに一番良い季節は雨季です。

組織を移植する前に、まず、希望の品種で移植をするほうのしっかりした枝のついたアムラを選んでください。その枝からしっかりした芽をさらに選んでください。その芽の下の樹皮を3、4㎝の長さで四方から切れ目をいれ樹皮を切り取ります。樹皮を切り取る時は、樹皮の下の層にまで刃がいかないよう、きれいに切りとるよう心がけて下さい。芽の下、切り取った上の部分にセラジックス（パウダータイプ）をかけます。

セラジックスをかけたら、水につけてからよく絞ったコケのついた藁を15㎝四方の大きさに切ったビニールのシートに重ね、樹皮を切り取った部分に巻きつけます。

切り取った樹皮の周りはゆっくりと固くなりタコのようなものができてきます。約2ヶ月すると巻きつけてあるビニールの中で、芽の周りから根が出てくるのを見ることができます。

根が出た後、細枝の下の方のビニールの付近を4～5日かけて少しずつ切り込みを入れ、それからその細枝を木から切り離します。切り離したらその根が出ている枝を他のものと25㎝は離した状態で苗床に植えます。苗床に植える前にカバーしていたビニールを外しそれから藁も外して下さい。外す時には誤って根を切ってしまわないよう注意が必要です。そして5、6ヶ月してからしかるべき場所に移植します。

接木の枝の選択の重要性

繁殖のために接木をする時に一番気をつけなければならないことは、芽や枝を提供する方のアムラの木が、実を定期的によくつける4～5歳の木であること、そのような木から枝や芽を選ぶことです。アムラの木にはオスとメスの両方の花がつきます。ですから芽接ぎや枝接ぎの際には、つく花の大半がメスである細枝を選ぶことが重要です。枝に根を生やしてから移植するグッティー法の場合にも同様な細枝を選びましょう。

花が咲いて実がなっている間に、どの枝をこれから繁殖に使うのか分かりやすいように、枝に印をつけておきます。芽接ぎや枝接ぎ、グッティー法での繁殖をする時に使用する枝を簡単に選ぶことができ、後々実がならないといった問題が起きることがなくなります。

植え付け

1回か2回雨が降って、堆肥を溜める穴や溝が埋もれて他の地面と同じ高さになったら、穴や溝の間に苗木を植えましょう。芽接ぎや枝接ぎで準備した若木の植え付けをする時は、枝接ぎのついだ接ぎ目や、芽接ぎの芽の位置が地面の中に入ってしまわないよう注意して下さい。必ず地面の上になるよう植えます。苗床で地中に入っていた部分とそうでない部分は、幹に痕がついていますから、その跡に合わせて植えましょう。

アムラの中でもチャカイヤー種はとてもたくさんの花粉を出します。ですから少なくともアムラの総数の最低５％はこの品種になるようにしましょう。また、苗木を新しい場所に植えると落葉しますが、これを見てその苗木が枯れてしまったと早合点しないで下さい。

痩せた土地では苗木がダメになる可能性は高いです。苗木は苗床から移して農地に植えることも、農地で直接種を植えて育て、その場で苗木にしてしまうこともありますが、いずれにしても頃合いを見て接木をしましょう。農地の塩分による被害は、接木をされた木の方がされていないものより受けにくいからです。

手入れと剪定（発芽の保護）

アムラの枝はもろいので、たくさん実がなった年には枝が折れてしまいます。折れてしまわないよう枝は早いうちから手入れしましょう。アムラのメインの枝は、地表から70～１００㎝の高さまではまっすぐになっているようにしましょう。同様に接木した枝についても伸びる方向などに注意が必要です。枝それぞれの間に充分なスペースがあり、しっかり角度もって上に向くようにしましょう。

実をつける枝の定期的な剪定の必要はありませんが、痛んでいたり、病気になっていたり、他の新しい枝に勢いが負けてしまっているような枝は毎年切っておかなければなりません。小さな枝がもろい原因は、その木自体の力の不足によるものと、成長して行く過程で小枝がぶら下がってしまうことによります。ぶら下がってしまうのは品種によるところが大きいです。

たとえばフラシンスなどの成長が力強く、横に枝を広げる品種には枝が折れる問題が比較的多いので、5、6年経つまでは手入れが必要になります。

また、枝に実をつけさせるために注意しなければならないこともあります。アムラは少なくとも1年たった枝でないとメスの花は出てきません。花が咲く時期に新しい枝が出てきますが、その枝には普通の状態ではその年に花は咲きません。ですので枝は新しいものと古いものが半々になるようにします。1～3年経った古い枝にだけメスの花が咲くのです。

もし毎年1、2月に古い枝の先端部10～15cmを枝から切り離しておくと、毎年木の成長と枝の成長がリンクして採れる実の数も増加します。もし先端部を切り離さなければそのままなので、実のなる枝の数もそのまま、木の成長に合わせて実の数を増やすことができません。枝の剪定は必要な木には行い、枝の先端部と接木でつがれた枝で行いましょう。

栄養

健康な若木の葉と、新芽や若い枝が必要とする栄養成分の量と、土から作り出された栄養成分との間に、一定の関係を見つけることはできなかったとの研究発表がありました。

ヤカイヤー種のアムラで行なわれた調査（スィンハ及びラーマ、1993）によると、葉と新芽や若い枝、他の枝が成長していくと、それらの中の窒素、リン、カリウムが不足していき、11、12月には栄養成分の量は変化のないままになります。栄養成分量の不足は新芽や若枝以外の枝では比較的わずかでした。新芽、若枝で葉の量が勢いよく増えてくると、窒素の量も増えていきます。

それと反対にリンとカリウムの量は、葉に勢いが増すと減っていきます。葉の勢いによって栄養成分が増減するのは、葉のついていない新芽、若枝で一番顕著でした。このことから、栄養を必要とする対象の状態を調べるためには、11〜12月に下から上に向かって一番から三番目までの節にでた新芽、若枝の分析をしなければなりません。チャカイヤー種アムラの栄養についてのある調査（スィンハ、1984）で、窒素、リン、肥料は、樹木の成長において種まきから6年間は影響を及ぼさないが、実の生産には栄養成分の影響が及ぶことが分かりました。

農地の溝や穴の幹に近いところで、20〜25kgの牛の糞を腐敗させた肥料や緑肥を使うと、収穫量は最大になり、また何よりも100％オーガニックのアムラがとれます。

撒水《さんすい》

完全に根付いたアムラの木は丈夫ですが、定期的な水やりが必要です。通常は雨季と冬には水やりは要りませんが、夏は実をしっかりつけさせ、活発な成長をさせるために15~20日間隔で水やりをしなければなりません。もし6、7月が乾燥した気候であるならば、果実が落ちてしまうことを防ぎ、果実を成長させるために定期的な撒水をすれば、実はとてもよく育ちます。アムラの葉を根覆いに利用することもできます。

水やりにはドリップ式撒水が最高の生産と、水の節約に理想的だとされています。

他の作物の栽培(アムラの植樹の間に)

アムラの農園ではアムラの木と木の間にはスペースができます。雨季の初めのころなら、そのスペースでいろいろな薬草を生産することもできます。たとえばソーナームキー、アシュヴァガンダー(ナス科セキドメホウズキ)、ムーサリー、ムシュカダーナー、さらには豆類や油脂作物(油をとるための植物)を植えると、収穫が可能です。

病気と害虫の駆除

ニームの搾りかすをたっぷりと使うことで、シロアリは駆除できます。アムラにはテッポウムシ(stem boarer)、イモムシ、アブラ虫、枝や幹にこぶをつくる害虫などがつきますが、これらは有機的に駆除することができます。ニーム〔センダン科インドセンダン〕とそのオイル、アーカ〔キョウチクトウ科カロトロピス属〕、ダットゥーラ〔ナス科チョウセンアサガオ〕のスプレーが効果的です。

熟した果実の見分け方

アムラの木はたいてい7〜8年目に実をつけ始めますが、接木をした木は4年目で実をつけ始めます。実は初めのうちは薄い色をしていますが、熟すと薄い緑色から黄色、中にはうっすらとレンガ色になる品種もあります。（ナーヤカ、1949）

バージャペーイー氏の1969〜71年の研究では、アムラの実は2月に熟すとされていますが、それは、この時期にアムラの実の中のビタミンCの量が一番多くなることによります。しかしこれが他の全ての品種のアムラにも当てはまるわけではありません。アムラの実の熟す時期は品種によってそれぞれ異なります。アムラの実はもし摘み取られなければ、3、4月の花の時期までついたままの状態です。花が終わっても、実は枝についていることもあります。インド南部は1年中常に暑いので、新芽（若枝）と葉が3月に落ちることがなく、苗木や若木は1年中成長し続けます。しかしそのような地域では果実の実りはとても少なく、多くの木に常に実がついたままになっています。アムラはマンゴーやグァバ同様、木についたまま熟すのではなく、摘み取られた後に熟す植物です。アムラの果実は気候性ではないのです。

では、アムラの実はいつ収穫するのが一番良いのでしょうか。この点についてはさらなる研究が必要ですが、これまでの経験からすると、⑴実の重さが最大の時、⑵熟成が進んでいないことによる渋みが減ったとき、すなわち果実を切ったときの断面の色（10分後の色）が焦げ茶色や黒色にならない、⑶果実の成長が止まった時、⑷果実の色に品種による明るさが出た時、⑸種の色が薄い茶色になった時、をアムラの実が熟した時と考えています。このような時には実を収穫することができます。アムラのそれぞれの品種と、植えられた場所の特性による冬眠の長さにそれほど違いはありませんが、果実を収穫することで後に様々な違いが生じます。

スィンハ氏とアローラー氏は１９６７年に様々な品種のアムラの果実の研究を物理的、化学的に行いました。また１９７３年にスィンハ氏は、ウッタル・プラデーシュ州のヴァーラーナシー県とプラターパガル県で栽培されたバナーラシー種、チャカイヤー種、フラシンス種の研究を行いました。テーブティヤー氏らも１９６８年にウッタル・プラデーシュ州の様々な品種の研究を行なっています。品種、形、大きさの異なるアムラを使用したこの研究によって、全ての品種の実の成熟の時期には、前期、中期、後期に分類できることがわかりました。それぞれの品種の実の成熟の時期はすでにアムラの品種のところでお伝えしました。

パントナガル県で実施された研究では、もし実がその時期に収穫されず、何かの理由で12月に葉がすべて落ちた場合、次の年、その木は実を少ししかつけないことが判明しました。また遅くに収穫することが、翌年の収穫に直接影響を与えることも分かりました。以上の理由からほぼ全ての品種のアムラの果実は12月の最後の週までに収穫するべきです。もし収穫が12月の終わりまでに完了していないと、翌年の実りに悪い影響を及ぼします。前期に熟すグループの品種は11月の前半に、中期に熟す品種は11月の後半に、後期に熟すアムラの品種のグループは12月の終わりまでに収穫を終らせましょう。

またアムラの実は連続して落ちていきますが、12月と1月はでた葉が散るよりも実が落ちるスピードのほうが速くなります。1月に実をとることで翌年の実りは半分になり、3月にとることで翌年は3分の1、3、4月、新しい枝に花が咲く時期に実をとると、翌年の収穫量はものすごく少なくなります。特殊な方法をとるいくつかの農家は、実が大きくなる10月に実をとってしまいます。こうすることで翌年の実りは大変良いものになりますが、まだ実は充分に熟していないため、当然大きさは小さく、とても渋く、保存もそれほど効かない低品質の果実となります。

果実の摘み取り

アムラの実は手で収穫します。背が高いアムラの木では上に登って取らなければなりませんが、その際枝を折ってしまうこともあります。背が高いアムラの木や、遠くにある枝のアムラの実をとる時には、布の袋と鉄製のハサミがついた竹の竿を使います。マンゴーの収穫で使うものと同様の竿です。ただこれを使う時には、実に傷がつかないようにしなければなりません。傷がついた果実はあっという間に傷んでしまいますし、売り物としても高い値段がつきません。収穫したアムラの実はちゃんと裏地のついた編んだ小さな籠に入れ、梱包する場所に移動し、そこで等級別に仕分けをします。それから箱や編んだ籠につめて、流通のために送り出します。これら収穫してからの一連の流れは、かかった時間が短ければ短いほど実の価値は上がります。

収穫

アムラの収穫時期は、品種、天候、栄養などによることは、すでにお話しました。パントナガル県で育ったフラシンス種、バナーラシー種、チャカイヤー種の収穫の統計を見てみると、チャカイヤー種は4年目に最初の実をつけ、フラシンス種は5年目、バナーラシー種は6年目に実をつけることが分かりました。チャカイヤー種の4年目の木1本からは2・4kgの実が、5年目のものからは12・5kg、6年目のものからは25・66kg、そして9年目の木からは1本あたり100kgのアムラがとれます。

一方でフラシンス種の5年目の木からは0・5kgの実がとれ、11年目には80kgの果実がとれます。最後のバナーラシー種は6年目から果実をつけ始め、11年目には21・5kgになります。11年目のフラシンス種とチャカイヤー種はそれぞれ80～124kgの実をつけるので、その差は徐々に4倍から6倍にもなります。

農園によってはバナーラシー種でも収穫が良いところもあるそうで、充分に成長した木から2～3キンタル〔約101kg～152kg〕とれることもあるそうです。ですが、だいたいの場所でのバナーラシー種の収穫量はとても少ないか、そうでなくても1～2キンタル〔約50kg～101kg〕を超えることはありません。

反対に20～30年目のフラシンス種では4キンタル〔約203kg〕、チャカイヤー種では4～5キンタル〔約203kg～253kg〕もの実が1本の木からとれます。いくつかの新しい品種ではチャカイヤー種のように3～4年目から実をつけることがあり、その実はバナーラシー種のように大きなものです。そしてフラシンス種やチャカイヤー種のように大量の実をつけます。

等級別の仕分けと保管

アムラの果実を市場で取引する上で、等級別に仕分けをすることは特に重要です。価格は需要と買い手との合意によって決まるからです。大きな果実は主にジャムやキャンディを作るために使われます。傷がついてしまったアムラの実は、乾燥させてからアムラ粉末や、アチャール〔インド風漬物〕、ジャムなどを作るのに使います。等級別に分ける作業はだいたい手作業で行います。選別作業中の果実へのダメージが最低限に抑えられるからです。果実は少なくとも2つの等級に分けましょう。大きくて健康なものと、小さくて傷があるものの2つです。

アムラは最適な温度下では7～9日まで保管することができます。その期間のビタミンCや重さの減少はバナーラシー種が一番多く、ビタミンCの減少が最小なのはカンチャン種です。ペンタサティコ氏によると（１９７５）、摂氏０～１・６度、湿度85～90度で保管すると、アムラの保管期間をのばすことができるそうです。それ以外にも15％の塩の溶液では８週間まで保管できるそうです。

グプター、ムガルジー両氏は１９８７年に純粋な蜜蝋の乳剤とジベレリンとモルファクチンを含んだ乳剤によってアムラの実を保護できるとしました。モルファクチン（１００～５００ｐｐｍ）によって保護された実は茶色になってしまい取引上の不利となり、重さも大きく減少してしまいましたが、ビタミンＣの量は変わらず、フェノールの量は増加していたそうで、モルファクチンで保護したアムラの実の取引量は、保護していない実の取引量と同程度でした。しかしビタミンＣの崩壊が抑えられたことで、酸度（酸味）は強くなり、糖分の量は減少しました。

ジベレリンはアムラの実のビタミンＣの崩壊を止めることに効果はありませんが、実が茶色に変色するのを抑えるので、取引価格が下がることはなくなります。モルフェクチン（10ｐｐｍ）、蜜蝋の溶剤か、蜜蝋そのものでアムラの保護処理をしたところ、茶色に変色することを抑えることができ、フェノールの含有量、重量の減少も抑え、防水することもできました。モルフェクチン（10ｐｐｍ）、ジベレリン（１００ｐｐｍ）で処理したものは、非処理のものに比べてとても効果的に品種をコントロールできました。しかし残念ながらビタミンＣの含有量の減少は抑えられませんでした。

梱包と運送

アムラの果実を遠方へ送る時は、トラックや鉄道で輸送します。その時の梱包は麻袋やアラハラ〔木豆〕などの籠を使います。麻袋、籠1つにつきだいたい25〜40kgの果実を入れます。麻袋、籠の中ではあまり重ならないように、そして新聞紙や乾いた藁のクッションを入れます。実同士が擦れて痛まないようにしましょう。時には籠の中に麻やサラ〔イネ科モンジャソウ〕の紐で作った網で押さえたり、隙間に藁や新聞紙やジュートの布でクッションにしたりもします。

このようにして梱包したアムラの実は、ウッタル・プラデーシュ州からムンバイ、コルカタ、アムリトサル、デリー、ルディヤーナーなどの遠方の市場に送られます。パータカ氏らの1989年の研究によると、アムラを梱包する時に箱の内側の表面にビニールを重ねたものを貼り付けてから、アムラを入れることでチャカイヤー種とフラシンス種の果実の受けるダメージはもっとも少なかったそうです。また果実の重量の減少を一番最低限に抑えられ、擦り傷ももっとも少なかったそうです。これらの果実はプラターパガル県から1841km離れたコルカタ市と1451km離れたムンバイ市の市場で取引されましたが、そこへ到着するまでにはそれぞれ20時間、31時間かかりました。

この次によく行われる方法は木製の箱に新聞紙を詰めてから送る方法です。麻袋に詰めて送ったアムラにはもっとも多くの傷がついていました。ついた傷が少なく、重量の減少も少なかったのは、ビニールを重ねたものを張った麻袋と、ダンボール箱に新聞紙やビニールの裏地を箱の内側につけたものです。ダンボール箱の方は麻袋に詰めたものよりダメージは少なかったです。それよりもダメージが少なかったのは新聞で裏張りしたアラハラで編んだ籠で送ったものです。

そして一番良い結果だったのは、ビニールと新聞紙で裏張りした木製の箱に詰めた方法でした。傷がついたり、あるいは重量が減少したりしたのは、送り先が遠方だったこともあって少なくはなかったのですが、市場で取引するために１５００km離れたところまで輸送した結果、重量が減少し傷がつくなど損傷を受けたものは全体の３・５％以下でした。

以上のことからアムラを遠方の市場まで送る時は、木製の箱が一番良いことがわかりましたが、やはりその分費用は他よりもかかります。この点については研究の余地がまだまだあります。

農業は祭式

西洋諸国のようにインドの農業も「産業」または「商業」と呼ばれるようになりました。しかしインドの農業は「産業」でも「商業」でもありません。農業は儀式です。常に全ての生き物を繁栄させるためになされるべきものです。これを「産業」や「商業」などと考えることは全くの侮辱です。

ナーラーヤナ・ダーサ・プラジャーパティ

価値を高めるために

アムラはアーユルヴェーダ医学やユナニ医学、シッダ医学などの医療で薬剤の主要な材料として使われる他、ムラッバー〔インド風ジャム〕やアチャール〔インド風漬物〕を作るのによく使用されます。アムラのもつ栄養と薬用成分から、アムラの飲料を利用することが提案され（スィンハ及びパータカ、1986、同1987）、製造に必要な工程もあげられています。飲料は以下の手順で作ります。

果肉を取り出す

アムラの渋味と、果肉が薔薇のような淡紅色になってしまうので、アムラの加工において果肉を取り出すことがもっとも大変な工程です。

果肉の渋味を少なくするためにジャイナ、ラーラ両氏は1954年に、果実を塩水かイムリー（タマリンド）とライム（又はレモン）を絞った水にしばらくつけておくことを提案しました。また1985年にはスィンハ、パータカ両氏によってアムラの実から果肉を取り出すための良い方法が発案されました。それは2％の濃度の苛性ソーダを溶かした水を沸騰させ、そこに10分間果実をつけておくことで渋味がなくなり、さらに取り出した果肉はほとんど真っ白になることです。果実はその後冷水につけておくと、とても簡単に取り出すことができます。

飲料を作る

スィンハ、パータカ両氏によると、アムラだけで作られた飲み物よりも、アムラの果汁に何かを混ぜた飲み物の方が飲みやすいものになるそうです。この飲料はもっとも気温の高い時期でも材料を集めることが出来ます。注ぐだけですぐ飲めるようになっています。長期間保存すると、溶解しやすい成分は増加しますが、ビタミンCの量は減り、また色も茶色に変色します。

アムラから作ることができるいろいろなもの

アムラはいろいろな方法で産出物を作ることができます。様々な産出物で多くの研究がされています。

・ムラッバー〔インド風ジャム〕とキャンディ

ムラッバー〔インド風ジャム〕を作るには、病気にかかっていない大きなサイズのアムラの実を使います。流通している品種の中ではクリシュナ種がムラッバーにもっとも適しています。とはいえ他の品種でも大きなものなら用いられています。選んだアムラの実をきれいな水に24～48時間浸けておきます。それから果実をステンレスのフォークで突き刺します。突き刺すのは核果までにしてください。この点は気をつけてください。実をフォークで突き刺す作業は、退屈でしかも多くの時間を要し苦労するものです。そのため、ナーヤラとジャイナ（１９８２）の開発した「アムラ穴あけマシーン」を使用することもできます。このマシーンは8時間で80kgの実に穴をあけることが可能ですが、もしその作業を手で行うと同じ時間で16kgしかつき刺すことができません。さらに同じ形で穴をあけることができます。

突き刺して穴を開けたアムラを2%の塩水に浸けます。実が茶色になるのを防ぐためです。2、3日後にしっかり洗って今度は2%のミョウバンの溶液に浸けます。これはアムラの渋味をとり、実をしっかりさせるためです。24時間後に取り出して洗ってから、5〜15分ほど煮ると実が柔らかくなります。その実を砂糖のシロップに浸します。1kgのアムラに対して、1・5kgの水、2gのクエン酸が必要です。3日後にはシロップの濃度をさらに上げます。こうして15日後にはムラッバーが完成します。出来上がったムラッバーは密閉容器で保存しましょう。

キャンディはムラッバーと同様に作りますが、シロップにクエン酸を加えません。またムラッバーを作る途中で加熱するときは、キャンディでは5分加熱してから実を取り出し室温で乾かします。これでキャンディの出来上がりです。

・ジャム

アムラの渋味をとるために2%の塩水に2日間浸けます。その後実をよく洗い、10分間煮ます。それを細かく切って種を別にします。切った実を4分の1の量の水とともに鍋で煮立たせましょう。しっかり熱を加え、スプーンで潰して果肉をほぐします。この果肉1kgに対して砂糖1kg、4〜5gのクエン酸を混ぜ、糖度が68%になるまで煮詰めます。温度とリフレクトメーター〔屈折比重計〕、あるいはシートによって、ジャムの完成の頃合いを測りましょう。完成したら幅広の口でしっかり消毒されたボトルに詰めます。冷めてから蓋に溶かしたロウを垂らして密閉します。ジャムは温度が低く乾燥した場所で保存しましょう。

・チャトニー（チャツネ）

アムラの実を20分間煮て果肉を取りだします。果肉に砂糖、塩、５００ｃｃの水を混ぜ、濃くなるまで煮ます。煮立っている間に生姜、ニンニク、マサーラー（スパイス）を入れます。冷ましてからその中に酢酸を加えます。もし長期間保存するのならば、念のために１kgあたり２gの安息香酸ナトリウムを加えます。〔※０・００２％なので日本での最大使用の基準０・06％よりは下回っていますが、ビタミンCと化学反応を起こすとベンゼンになるので使用する場合にはご注意下さい。〕

・アチャーラ（インド風漬物）

健康で病気にかかっていないアムラの実をよく洗って10分間煮ます。実と核果を別にして核果は捨ててしまいましょう。アルミ鍋に少し油をひいて熱し、アムラの実を炒め、塩などとよく混ぜ合わせます。冷めてから乾いた容器に移して、残りの油も容器にそこに入れます。５〜６日後には出来上がります。これ以外にもアムラのアチャーラの作り方にはいろいろあります。油や塩の量などはそれぞれ異なります。玉ねぎや生姜などもオプションで使うこともできます。またアムラ以外の他の果実で作ることもできます。

III

アムラの使用法

体質改善のために使われてきたアムラ

旧ソビエト連邦の科学者たちはインド・グースベリーという木のまだ熟していない果実から、人体の細胞の崩壊を抑止する力のある酸の解明に成功しました。その科学者たちはその酸が、病気にかかった、あるいは修復不能になってしまった細胞を再生すると発表しました。その「インド・グースベリー」とはまさにアーユルヴェーダで言われるところのアムラなのです。アムラは血液循環系の器官に復元性、順応性を与え続けます。この順応性と弾性がなくなると老化が始まります。

人類の寿命を延ばすことを目指した新しい方法の模索はさらに注目を集めていますが、ジャイプール・サワーイー・マーンシン医科大学のラリト・コーターリー教授は、あるセミナーの中で、人間の動脈の中でコレステロールなどが詰まることで老化が始まるが、ビタミンC、果汁の多い果物、アムラ、そして緑色の野菜は老化の進行を抑える働きをする、と述べました。

聖典『リグヴェーダ』の中でも、アシュヴィニー神がまるで「職人が古い馬車を直して走れるようにする」ように老チャヴァナ仙を歩けるようにした、とあります。

アシュヴィニー神はアムラを使うことのみでチャヴァナ仙を歩けるようにしたのです。

人が日に日に大きくなっていく状態、これがプールナ・ヤウヴァナ（完全な若さ）の状態です。青年期に毎日成長していくことを、アーユルヴェーダでは「ヴァヤハ・スターパナ（老化防止）」と呼びます。チャラカ仙は「ヴァヤハスターパナ（老化防止）」について、「10種類の薬草群（ダシェーマーニー）の中でももっとも上位にあるものがアムラで、ヴァヤハ・スターパナのための薬用物質である」と記述しています。アムラはヴァヤハ・スターパナにだけに効果があるわけではありません。そのことは以下のように記載されています。

「返り薬を飲むことで、寿命は延び、記憶力は高まり、知力は強化され、無病で若い状態が保持され、肌の色つやと輝きは最高に増し、声は素晴らしく、寛容さを持ち、体と各器官（五感と運動器官）に力を与え、話すことが全て実現し、謙虚さ、肉体のかがやき、これらすべての性質を手に入れることができる」

パンディット・マダンモハン・マールヴィーヤ氏（1861～1946年。インドの偉大な教育者、学者、政治家でインド独立の際の活動家）は医師から処方された若返り薬を服用していましたが、その主成分はアムラでした。彼は自ら以下のように語っています。

「私のために処方されている薬は、ヴァーグバタ（アーユルヴェーダの三大医書の1つ『アシュターンガフリダヤ・サンヒター』の著者）によるもので、その薬の特筆すべき点はアムラである」

そして治療の結果についてはこのような言葉で明かしています。「私と友人のハリダッタ・シャーストリーさんはこの治療で明らかな効果を得ました。シャーストリーさんは私よりも14歳年下ですが、治療後、私は大きな効果がありました。治療前と治療後の写真も撮ってあるのですが、はっきりと目に見える効果があったのです」

「このように治療の始まる前と、最近撮った2枚の私の写真を見比べても、治療後、私が以前に比べてどれだけ健康かは、とてもはっきりわかります。この違いは本当に明らかです。私の肌の色と肌ツヤは大きく改善されました。視力は以前より上がりましたし、声も昔のようになりました。そして記憶力は以前にも増して良くなっているのです。髪も目に見えて黒くなりました。体の震えはだいぶおさまり、今ではまっすぐ歩くことも出来るのです。私の中にはある種の絶望とあきらめの気持ちがあったのですが、今はそれがなくなって、希望と自信が広がっています。自制心がなく、不眠が続いた状態の中でも、私の心の中に弱さがなかったのならば、私の健康状態は今よりもっと良いものになっていたでしょう。

治療を始める前の私はとても虚弱で無気力、何にも希望も持てない状態だったとはっきり記憶しているのですが、治療後はこの通りすっかり健康になり、そのことを実感すると、感謝と誇りに思う気持ちで一杯になります。また、もし治療前にパンチャカルマ〔5つの代表的なアーユルヴェーダ治療法〕で体を浄化してシャクティ〔力〕を貯めておくことができていたならば、今よりさらに多くの健康面での利益を得ていたことでしょう。治療を受ける前には、治療効果をより大きなものにするために全身の浄化と完全な休養が必要です。治療を受ける人は、治療の前に全ての悩み事、問題などを捨て、全く心配のない状態で、小屋（体質改善のために一定期間、定められた食事と生活を送るアーユルヴェーダの治療「クティー・プラヴェーシャ」を受けるための小屋、庵）に入っていかなければなりません。そして治療中は悩み事や問題を自分の周りでウロウロさせないことです。

補助的下剤として使用されることから、アムラは「ヴィレーチャノーパギー〔ヴィレーチャノーパガ＝下剤を補助する薬物〕」と呼ばれています。チャラカ仙もこの「ヴィレーチャノーパガ」の中にアムラを記載しています。

またスシュルタ仙はアムラをパルーシャカ〔シナノキ科、ウオトリギの一種〕のグループの中で言及しています。このグループの性質については、

パルーシャカのグループの性質は、ヴァータを増やし、尿関連の障害や渇きを改善し、心臓に対しては強くする働きをし、意欲を起こさせるものである。

他にトリパラー〔アムラのほかにハリータキー（シクンシ科ミロバランノキ）とビビータキー（シクンシ科セイタカミロバラン）を混ぜて作ったもの（三果）〕のグループでもアムラは言及されています。

アーチャールヤ・バーヴァミシュラ氏はアムラ他三つの果実を等分に混合したものをトリパラー〔三果薬〕としていますが、カイヤデーヴァ・ニガントゥカーラ氏はハリータキー〔シクンシ科ミロバランノキ〕を1つ、ビビータキー〔シクンシ科セイタカミロバラン〕を二つ、アムラを四つの割合としています。

ヴェーダの世界では古代から現在に至るまで、トリパラーは数え切れないほど利用されてきました。しかしトリパラーを作る3つの物質とそれぞれをどれだけ使うのかについては、多様な考えがあります。が、近頃ではハリータキー、ビビータキー、アムラの3つの果物を混ぜたものがトリパラーとされています。混合の割合には以下の意見があります。

1. ある学者はハリータキー、ビビータキー、アムラの割合を1：2：3とする
2. 他のある者は、ハリータキー、ビビータキー、アムラの割合を1：2：4とする
3. あるいは、ハリータキー、ビビータキー、アムラ（の果実）の割合を1：2：4とする
4. ある学者の見解では、もしハリータキーの果実1つ、ビビータキーの実を2つ、アムラ（バナーラシー種の大きな実を除く）の実を4つとすれば、量的にはだいたい均等になる、としています。グジャラート地方のヴェーダ学者や薬屋では、ハリータキー、ビビータキー、アムラの粉末をそれぞれ同じ割合で混ぜたものをトリパラーとして利用している一方で、ベンガル地方の慣習ではこれと異なった割合になっています。

様々なトリパラー

アーユルヴェーダの文献にいくつもの種類のトリパラーについて書かれています。以下に簡単にあげ

ます。

1．「トリパラー」　ハリータキー、ビビータキー、アムラ

2．「マハー・トリパラー」（偉大なトリパラー）　カルジューラ〔ナツメ〕、パルーシャカ〔シナノキ科〕の実、ドラークシャ〔ぶどう〕

3．「スヴァードゥ・トリパラー」（美味のトリパラー）　ドラークシャ〔ぶどう〕、カルジューラ〔ナツメ〕、カーシュミーリーの実

4．「マドゥラ・トリパラー」（甘いトリパラー）　ドラークシャ〔ぶどう〕、ダーディマ〔ザクロ〕、カルジューラ〔ナツメ〕

5．「スガンダ・トリパラー」（芳香のトリパラー）　ジャーティーパラ〔ナツメグ〕、エーラー〔ショウガ科ショウズク、カルダモン〕、ラヴァンガ〔チョウジまたはクローブ〕

古代インドの薬草辞典『バーヴァプラカーシャ・ニガントゥ』にはハリータキーの綱についての言及があります。自然界の分類によるとアムラはトウダイグサ科（ＥｕｐＨｏｒｂｉａｃｅａｅ）に属するとされていて、この科には全部で7つの薬草があると記されています。

アムラの起源については、プラーナ文献の中にひとつの物語があります。

あるとてもおめでたい日に、パールヴァティー女神とラクシュミー女神は聖地へお参りに行きました。パールヴァティーはラクシュミーに、「ラクシュミー女神！　私は今日、自分で想像した何か新しいも

のでヴィシュヌ神へのお祈りをします」と言いました。するとラクシュミーもパールヴァティーに「私も今日は何か新しいもので、シヴァ神に祈りを捧げたいと思います」と言いました。その時、二人の目から喜悦の涙が地面に落ち、マーガ月〔1、2月〕のシュクラー〔上弦月〕・エーカーダシー〔11日目〕の日にアムラの木が生まれました。その光景を見て神々と仙人たちはあまりの喜びから歓喜しました。

アムラはティシュヤパラーとも呼ばれています。

満足感を与え幸福を呼ぶ〔ティシュヤ〕、それゆえこの果実〔パラー〕はティシュヤパラー。

これには、このような言い伝えがあります。

アムラのプージャー〔祈り〕が毎日行われ、いつも緑が一杯で牛糞があり、シャンカ（ほら貝）と蓮の花があるところ、プージャー〔祈り〕が常に行われる場所に、白い衣のあるところに、ラクシュミー女神はすんでいるということです。

性質をあらわすアムラの名称

1．アーマラキー＝アムラは体を最適な状態に保ちますが、それは化学作用によって「サプタダートゥ〔7つの身体構成要素〕」を増加させ、身体を安定させるからです。

2．アムリター＝摂取すると人は老いて死ぬことがない。すなわち不老不死〔アマラ〕になる。

3．ヴァヤスター＝年齢、若さ〔ヴァヤ〕を不動〔スティル〕にすることに優れている。

4．ダートリー＝母親、乳母〔ダートリー〕の恩恵のような働きから、その名で呼ばれている。

宗教面での重要性

アムラの葉はシヴァ神へのお祈りや儀式で使われています。アムラの木を水の中でこすり、白檀のペースト同様に塗りつけます。パールグナ月（2、3月）のシュクラー（上弦月）・エーカーダシー（11日目）はアムラの木のお祈りがされています。

乾燥方法

緑色のアムラは乾燥するとしぼんでしわがより、それからヒビが入ります。茶色に変色して、しばらくすると変形して形が歪みます。商取引のためこの形の歪みを避けるには、次の二つの方法で乾燥を行っています。

1．アムラを少しだけ煮てから乾燥します。こうすることでしばらくの間は歪みを防ぐことができます。また乾燥してからも重量を保てますが、性質の悪いものが混じることがあります。

2．大きな穴の中にアムラをまとめて入れ、山積みにしてから土をかぶせて埋めます。数日の間に地熱によって熱せられます。その後穴から取り出して、地面に広げ乾かします。薄黒いところのある白っぽい茶色に変色します。

こうした方法で乾燥させることはまったく無益なわけではないのですが、ビタミンCを完全に残し、品種をよくするためにもっと優れた方法があります。

緑色のアムラを軽く手で叩いて断片にし、日光にあてて急速に乾燥させます。乾いたら細かい粉末状にして保存しましょう。こうしてできた粉末は数ヶ月間使用できます。粉末は出来るだけ乾燥した涼しい場所におきましょう。暑くて湿っぽい場所におくと早くに変質して、ビタミンCの崩壊も少しずつ進んでしまいます。上記の方法で乾燥させたアムラの粉末1g中には16㎎のビタミンCが含まれます。さらに特殊な方法で乾燥させることによってビタミンCの含有量をさらに多くすることも可能です。

熱を加えたり乾燥させたりすることで、野菜、果実中にあるビタミンの多く、あるいは全ては壊れてしまうのですが、アムラはこの点で例外と言えます。そこには3つの大きな理由があります。

1. アムラは酸性の液体でできていますが、酸がビタミンCを保護するので壊れることがありません。
2. アムラにはビタミンを保護するような成分が含まれています。
3. アムラには元々十分すぎる量のビタミンCが含まれているので、多少崩壊しても十分な量が残ります。

アーユルヴェーダから見たアムラの特性

〔以下、古典医学書などからの引用で説明する。〕

アムラの果実は酸味、甘味、苦味、渋味、辛味があり、下剤の働きをし、目に有益で、三つのドーシャを抑え、精力増強、精子を増加させる。

（『スシュルタ・サンヒター』総論編）

三つのドーシャを抑制するアムラの性質について、酸味を帯びており、その酸味によりヴァータを抑え、甘味と冷性はピッタを抑えると叙述しましたが、ピッタなどのバランスがとれている状態でアムラを摂取した場合、アムラによって抑えられたピッタを逆に増大させる必要があるのでは、という考えが浮かぶのはもっともなことです。しかしアムラは良い影響を与えるためだけに、ドーシャを抑制するのです。「酸味によってピッタを強めなければならない」というのではなく、アムラは有益な影響を与えるのみなので、あえて抑えられたピッタを再度強める必要のない形でピッタを鎮めるのです。この優れている点は大昔から述べられていることです。

『チャクラパーニ』（バーヌマティー・ヴャーキャーヤーム）

アムラの酸味の効果はピッタの異常を生じさせない。

ダルハナチャールヤ

ハリータキーで述べられた性質、働きは全てアムラにも当てはまるが、アムラのヴィールヤ〔薬力〕は冷力である。そのため大抵の場合は、ヴァータカパが優勢な場合にはハリータキーの薬を、カパピッタが優勢な場合にはアムラの薬を使用する。

『チャラカ・サンヒター』治療編

ハリータキーに含まれる成分は、全てアムラにも含まれている。二つの違いはアムラのヴィールヤは冷性である。大体の場合においては、ヴァータカパが強い人はハリータキーの薬剤を、カパピッタが強い人はアムラの薬剤を使用するべきである。

果実ではダーディマ〔ザクロ〕、アムラ、ドラークシャ〔ぶどう〕、カジューラ〔ナツメヤシ〕、ファールサー〔ウオトリギ属〕、キラニー〔ミサキノハナ〕そしてビジョウラ〔シトロン〕が優れている。

『スシュルタ・サンヒター』

食事前の空腹時にアムラを摂取しなければならない。食事の後ならハリータキー〔シクンシ科ミロバランノキ〕を摂るように。食べたものが全て消化された後ならビビータキー〔シクンシ科セイタカミロバラン〕を摂取するように。

『ベーラ・サンヒター』

アムラなどいくつかの果実は3つのドーシャを鎮める。

『マドゥコーシャカラ』

ハリータキー〔シクンシ科ミロバランノキ〕の性質はアムラと同様であるが、アムラが特別なのは出血性疾患、尿道炎を鎮め、強精作用、強壮作用があることである。

『バーヴァプラカーシャ』

アムラには辛味、甘味、渋味、弱い酸味があり、カパを抑え食欲を増大させる。その冷性により出血性疾患からくる熱を鎮める。その他、疲労、吐き気、便秘、鼓腸、排出物の停滞を解消する。まるでアムリタ〔神肴：神々の食物、飲物、不老不死になれるという〕のように非常に有益な果実である。

『ラージャニガントゥ』

マハラーシュトラの女性のように酸味の性質でヴァータを抑え、カシミールの女性のように甘味と冷性によりピッタを、カルナータカの女性のような渋味と乾性によりカパを抑える。アムラは美しい姿の女性のように、乳母のように言われている。

『サンジーヴァニーサームラージャム』

アーチャーリヤ・プリヤヴラタジー・シャルマ氏は著書『ドラヴィヤグナヴィギャーン〔薬物学の知

識》』の「強壮学」の章でアムラについて述べています。組織的に見たアムラの有用性を以下のように解説しています。

局所作用

外用――しゃく熱感の鎮静、眼と髪に有効
内服――内部神経系に対し知力向上、神経トニック、感覚器官の力を増強、
消化器系――催下作用、消化力増進、排泄促進、過酸症の鎮静、肝臓の活性化、少量の摂取では留置作用、多量の摂取では未消化物を未消化のまま体外への排出。
血液循環系――強心作用、出血性疾患の抑制、血液の質の安定化
呼吸器系――痰の抑制、カパドーシャの抑制
生殖器系――精巣、子宮の機能改善、強精作用、受精促進
泌尿器系――利尿、泌尿病抑制
皮膚――ハンセン病などの皮膚病の治療
体温――解熱、しゃく熱感の鎮静
本質的作用――強壮作用

このようにアムラはしゃく熱、ピッタ性の頭痛、排尿障害、脱毛症、白髪そして眼病などには外用薬として使われます。その他、視力低下、知覚作用低下、食欲不振、消化力低下、便秘、肝臓疾患、過酸

症、胃潰瘍、腸蠕動不全、胃腸の疾患、痔、心臓病、出血性疾患、血液疾患、咳、喘息、肺結核、尿に精液が混ざる（精液尿）、ピッタ性泌尿病、排尿障害、白帯下、子宮の機能低下、口渇症、慢性化した熱病などの病気には内服します。

アムラの使用は栄養補給、また薬用として古代より有名で広めらてきましたが、他に産業にも利用されています。乾燥したアムラの実はインクや染料として利用されます。樹皮は髪染めやシャンプーの製造で使用されます。葉は肥料になるのですが、特にエーラー〔カルダモン〕の畑ではその効果を発揮します。アルカリ性の土地を改良する働きがアムラの葉から作られる肥料にはあるのです。

アムラの果実が酸性の液体を多く含んでいることで、胃の粘膜がフラストレーションを受けることがありません。酸性が強くなり消化が刺激され、胃の活動のスピードが増加します。ですので食事の初め、途中、終わりにアムラを摂取することは非常に有益です。現代の考え方では、酸性の液体は炭素、水素、酸素がともに結合して発生するとされています。中でも特に酸素と水素の量が多いのですが、その二つの結合によって水ができます。そして炭素と結合すると固い物質の中にいる状態で酸性の液体を発生させます。

そのため、夏には酸性で糖分の加わった水を体の水分補給のために摂取し、またアムラのムラッバーを食べるように言われているのです。体のいずれかの部位が多くの運動をした、もしくは新しい細胞の発生が何かの理由で阻止されたりすると、古い細胞に炭酸塩が大量に発生します。このことによって不安が広がったり心が落ち着きを失ったりするようになります。アムラを摂取すると、これらの細胞に生命を活動させる生気とも言うべき酸素に触れさせ、細胞を再び力強いものにします。
アムラは細胞の変質や障害を防ぎ、新しい生気を与えます。またアムラとともに金を摂取すると心臓の働きを強くします。非常に重い病気によって生命活動が終わってしまうおそれがある、あるいは死の兆候が明らかになっている時、あるいは老年期には、金の灰にアムラの粉末を混ぜたものが有効です。このように言われています。

死の兆候のある病人は蜂蜜、アムラ粉末、金粉の三つを混ぜたものをなめると、プラーナ消滅の恐れから解放される。

『スシュルタ・サンヒター』治療編

アムラの粉末に金粉を混ぜ、カディラ〔ペグアセンノキ〕の皮を煎じたものをすり混ぜ摂取することで死の凶兆が消える。

『ラサタランギニー』

・チャヴァナプラーシャ

アーユルヴェーダの治療術において薬剤「チャヴァナプラーシャ」はもっとも有名な老化防止薬（若返り薬）の一つです。アシュヴィニー神はこの「チャヴァナプラーシャ」で、老いたチャヴァナ仙の衰弱しきった肉体を若返らせました。その時からこの薬は「チャヴァナプラーシャ」と呼ばれています。

アムラはこの「チャヴァナプラーシャ」の主な材料です。『アーユルヴェーダ・ヴィカーサ』のチャヴァナプラーシャ特集号（1976）に、アーチャールヤ・プリヤヴラタ・シャルマー氏は「チャヴァナ・ダートゥクシャヤ・カ・プラティーカ（チャヴァナ～衰えた成分の代替物）」というタイトルで執筆しています。

リグ・ヴェーダの中でサーヤナ仙は「チャヴァナ」の意味を、「儚く弱々しい成分」「敵を駆逐するもの」の二つの意味をもたせています。チャヴァナ仙の「チャヴァナ」という言葉の元々の意味は「弱まった成分の代替物」であり「再生がおこる際に敵を駆逐するもの」である、との自身の考えをあらわしました。

古代インド文化研究で進歩的な思想家だったヴァースデーヴァ・シャラン・アグラヴァーラ氏は自身の論文『チャヴァナ仙とアシュヴィニークマーラ』でこう述べました。

体の生命力の健全性は、体に取り込む働きと排出する働きの健全性に依っている。この働きを「Metabolic rate〔代謝率〕」とも呼ぶこともできるが、まさに命を作り出していくことこそが生命力そのものなのである。青少年期はこの生命力が増加、成長中にあり、この状態を「Anabolic Condition〔同化、増強〕」の状態と呼ぶことができる。逆に歳を重ね肉体が衰えるということは、命を作り出す生命力がすり減るように弱まり、衰えてしまっている状態のことである。これが進むと徐々に死に犯されるのだ。体内の腱、骨髄、体液などは全て歳をとることで崩壊が進んでいく。「シャクティ〔力〕は物質により生まれるが、このために「ダートゥ〔肉体を構成する各要素〕」の衰弱、老化も引き起こされる。もしこの衰退傾向を抑止したいのなら、体液など〔ダートゥ〕を健康な状態に保って減衰傾向を弱める必要がある。このように体が衰退傾向にあることを「チャヴァナ」の状態と呼ぶ。病気、老衰、老化、死、これらは全て「チャヴァナ」の姿の一つなのだ。」

「チャヴァナプラーシャ」が優れた「ラサーヤナ〔老化防止薬〕」であることは先程お伝えしました。「ラサーヤナ」の「ラサ」はあらゆる成分の消化、続く「アヤナ」は流れ、運搬を示す言葉です。ラサーヤナは消化と運搬の二つの活動を正しくし、体液など体内の構成要素に栄養を与えます。ラサーヤナの働きは、現代医学の視点からは以下のように分類することができます。

1. 病気に対する抵抗力（免疫）

2. 代謝（代謝）

3. 内部の流れ（内分泌）

アーユルヴェーダではラサーヤナの三つの用法が示されています。一つは日常の栄養の吸収、二つ目は特定の目標を達成するための用法、三つ目は服用法を選択し期間を限定して使用する用法です。「チャヴァナプラーシャ」は三つのどの用法でも使われます。チャラカ仙は「チャヴァナプラーシャ」の決まった服用量を示しませんでしたが、食事に影響が出ない範囲、すなわち服用後の次の食事が食べられないことのないよう、きちんと空腹を感じられる程度に摂取しましょう。

「チャヴァナプラーシャ」は消化力を適正にする点でもとても有益です。また肺の力も高め、肺結核の優れた治療薬です。

「チャヴァナプラーシャ」の製造法についてはいくつか考慮すべき点があります。その歴史的重要性と各専門家たちの経験から『アーユルヴェーダ・ヴィカーサ』のチャヴァナプラーシャ特集号には以下のような記述があります。

1. ある文献の中でその著者は「マドゥラーッジャーヤテー・シュレーシュマー（甘味によって粘液は増加する）」と記しましたが、「チャヴァナプラーシャ」に咳や喘息を抑える効果があるとする一方で、製造の際に加える砂糖の量を3、4倍にするなど味の面での競争によって改良が進んでいるとしています。しかし、砂糖の量を増やすことで確かに味は良いものになりますが、それによって有効な成分が増えるわけではなく、むしろ健康には必ず害を与えます。

また、アムラの収穫をカールティカ月（10月中～11月中）から始める人もいますが、翌月のアガハン月（11月中～12月中）でもまだ実は未熟で、酸味がとても強く、質的にも劣った状態にあります。ファーグン月（＝パールグナ月：日本の2月中～3月中）、チャイタ月（＝チャイトラ月：3月中～4月中）にアムラは黄色く色づいて熟し、果実に含まれる成分も増加します。チャヴァナプラーシャはこのファーグン月、チャイタ月に作ります。マーガ月（日本の1月中～2月中）と上の二ヶ月のアムラの実はもっとも良質です。

アムラの苦味をとるために、アムラの実を煮てから石灰水に浸けることもありますが、これによって苦味は減りますが、アムラの質は劣ってしまいます。

スレンドラナート・ディークシト氏『アーユルヴェーダ・ヴィカーサ』

チャヴァナプラーシャ特集号

2．歴史的にはBC500年以前に『チャラカ・サンヒター』は編纂されたと考えられていますが、その中のラサーヤナ〔強壮法〕の章で、「チャヴァナプラーシャ」が老化防止薬として初めて言及されています。その後のAD5世紀の『アシュターンガ・サングラハ』に「チャラカ」の「果実」の項には少しの変更が見られます。その中の「老化防止の効果」中で、「チャヴァナプラーシャ」についての言及があるのですが、その項はAD7世紀に成立した『アシュターンガ・フリダヤ』のラサーヤナ章にあります。装飾を排した明確な文体で、煎じた液の四分の一を残しておくこと、クティー・プラヴェーシャ法〔用意した小屋で決められた生活を行うアーユルヴェーダの体質改善法〕での病人食について、また「果実」の項で熱病と衰弱を加えたこと、などいくつか時代の経過とともに生まれた変化と改良が特に示されています。その後11世紀の『チャクラダッタ』は「チャラカ」の課題を完全に踏襲したものになっています。12、13世紀の『ヴァンガセーナ』、17世紀の『バイシャジャ・ラトナーヴァリー』でも同様に「チャラカ」の課題を倣ったものになっています。

「チャヤヴァナプラーシャ」を単なる老化防止薬としてだけではなく、肺結核など肺病にも効果があると示したことは、その時代までにすでに肺結核など肺病治療に使用されていたことを示しています。この点はヴェーダの伝統の中で生まれた変化で「チャヴァナプラーシャ」の特色を示してもいます。12、13世紀の『ヴァンガセーナ』後の14世紀に、それまでの治療法にさらに優れた薬剤を加えたシャーランガダラは、構成薬物あるいはその製薬法についての新しい考え方を思いつきます。その考えは薬剤を作る上で非常に重要なことで、シャーランガダラはその道に非常に精通していたと考えられています。彼はいくつかの改善をしました。メーダー〔ユリ科アマドコロ属〕に対してマハーメーダー〔ユリ科アマドコロ属〕を、カーコーリー〔ユリ科ユリ属〕に対してクシーラカーコーリー〔ユリ科バイモ属〕を新たに分類しました。

また煎じ薬を八分の一に煎じ残しておくこと、「ヤマカ・スネーハ〔2種混合オイル〕」の代わりにグリタ〔牛乳を煮詰めて作ったギーとよばれる精製バター〕を少量使用するなどは、優れた使用法として認められ応用されています。このことについては、さらに詳細な研究と考察が待ち望まれます。

ダーモーダラ・ジョーシー医師

3. 患者70人に48～120gの「チャヴァナプラーシャ」を牛乳とともに服用させたところ、一般的な消化不良による中毒症状の鎮静、痰の抑制、ピッタ鎮静、心臓の強化、意欲の向上、排便排尿症の改善、体の上方・下方双方からのヴァータの排出促進〔げっぷ、肛門からの排ガス〕、油性成分による適切な身体管の移動、乾燥性の減少、気息を運ぶ管の浄化の効果が見られました。

また、「チャヴァナプラーシャ」を食事として牛乳とともに70人に摂取させたところ、便秘、心配からくるイライラ、不健康な痩身、皮膚の乾燥、虚弱体質、失望感、慢性の喘息などの症状に対して、胃から肛門までの食物の流れる器官（消化器官）、口から咽喉までの水分の流れる器官、鼻から心臓までの気息の流れる器官を油性化し栄養を与える各種液体が分泌され、そして5種類のヴァーユを下降させることにより、健康状態を確立するための素晴らしい方法だということが判明しました。

皮膚の皺を防ぐ、催吐療法治療が行えない痩せすぎ、虚弱体質、喘息の患者へ「チャヴァナプラーシャ」を病人食として服用させたところ、かなりの効果があったことが確認されています。しかしながら下痢が続き体力の弱い十二指腸潰瘍の患者16人には「チャヴァナプラーシャ」を摂取することでの症状の改善は見られませんでした。

アーユルヴェーダ医、ハリダッタ・シャーストリー氏『デーハダートヴァグニヴィギャーナム』

4.「私はアムラの粉末を一つの薬剤として、また「チャヴァナプラーシャ」も患者たちに幾度となく与えてきました。常日頃から服用しその効果を享受している私自身の幾分控えめな見方でも、何年間もの間、何百本ものストレプトマイシンの注射をしてきた肺病患者が、他の様々な治療薬を飲んで、滋養に満ちた食事をすることで、治療の素晴らしい効果を得ました。同様にチャヴァナプラーシャを長期にわたり定期的に服用することで、多くの病気をその根本から治療します。ここに疑念の余地はありません。ただし環境と、自分から積極的に取り組もうとする患者の気持ちだけは必要です。患者に２００～２５０ｇといった量ではなく、５～10kgのチャヴァナプラーシャを服用させなさい、効果は必ずあらわれます。私自身、毎日チャヴァナプラーシャを摂っていますが、そのおかげで全く病気になりません。手の平、足の裏の病気から、頭痛、風邪に至るまで全くありません。それどころか精神力の衰えは全くなく、脳の働きもエネルギーに満ちています。

アーチャールヤ・クリシュナダッタ・シャルマー氏
『アーユルヴェーダ・ヴィカーサ』１９７６年12月

5．精子を作るためには、９パクシャ〔約18週間、１パクシャは14日間〕の「チャヴァナプラーシャ」服用法があります。

第一パクシャ――10gずつ朝晩二回。食事は牛乳のみ。
第二パクシャ――20gずつ朝晩二回。食事は牛乳のみ。
第三パクシャ――30gずつ朝晩二回。食事は牛乳のみ。
第四パクシャ――40gずつ朝晩二回。食事は牛乳のみ。
第五パクシャ――50gずつ朝晩二回。食事は牛乳のみ。

第六パクシャ——40gずつ朝晩二回。食事は牛乳のみ。
第七パクシャ——30gずつ朝晩二回。食事は牛乳のみ。
第八パクシャ——20gずつ朝晩二回。食事は牛乳のみ。
第九パクシャ——10gずつ朝晩二回。食事は牛乳のみ。

実践している間は家の中にいることが望ましいとされています。この服用法によって胃腸管が浄化され、精子が作られます。この服用法の後は消化力が向上し、軽いサートウィク食〔叡質（正しい判断ができる力、深い知識）を強める純質的な食事〕をとります。これはすでに実証された方法です。

シュリ・ループナーラーヤン・カーシーラーム氏（アーユルヴェーダ医）
『アーユルヴェーダ・ヴィカーサ』１９７６年12月

・白髪、沈静

白髪は老齢のしるしとされていますが、ピッタの強い人は若いうちから白髪が生え始めます。スシュルタ仙は白髪の原因をこう告げました。

怒り、悲嘆、大きな苦難に遭うことにより体の熱は頭頂へ行きピッタを刺激し髪は白くなる。

体内ではピッタは燃焼系の要素で消化がその働きです。そのピッタが増大しすぎて変調を起こすと年齢に不相応な白髪がでる可能性があります。これを避けるためにはその原因を捨て有益な食事を摂ると共に、アムラの粉末をギーに混ぜたもの、あるいはアムラのムラッバー〔インド風ジャム〕を季節に応じて適量を摂取します。またアムラの特質「冷性」からアムラで数日間髪を洗うのも効果的です。使用法には二種類あります。

（a）12gのターメリック、24gのバヘーラー〔シクンシ科セイタカミロバラン〕、48gのトリパラーをごく細かい粉末にし、ヴィダンガ〔ヤブコウジ科エンベリア〕、カディラ〔ペグアセンノキ〕、ブリンガラージャ〔キク科タカサブロウ〕の汁480gの中に入れて七回よくすり混ぜ、それを1ヶ月間服用します。すると白髪が出なくなり、6ヶ月目には体も美しくなります。これを1年間続ければ1000年生きるでしょう。

（b）ターメリックを3、アムラを12、バヘーラー〔シクンシ科セイタカミロバラン〕6の割合のトリパラーを、最初の7晩はカディラ〔ペグアセンノキ〕の汁で、続く7晩はブリンガラージャ〔キク科タカサブロウ〕の汁で、次の7日はヴィダンガ〔ヤブコウジ科エンベリア〕の汁、最後の7日はダーカ〔パラーシャ：ハナモツヤクノキ〕の汁でよく揉みます。こうして揉んだトリパラーを、同量の粗糖と一緒に服用します。すると白髪や老化による病気、また他の病気にかかることはありません。

髪の他にも、熱の鎮静に優れていると言われています。熱に対しては外用、内服どちらも様々な治療薬がいくつかの文献内には見られます。『マニマーラー』中に以下の素晴らしい使用法があります。

アムラ粉末をサトウキビの水に21回よく混ぜ、夜明けに氷砂糖を混ぜた牛乳と一緒に飲むと内なる熱が鎮まる。

・泌尿器

トリパラーは淋病などによる泌尿病に最高の薬剤です。その使用法にも様々なものがあります。

トリパラー、グドゥーチー〔ツヅラフジ科イボナシツヅラフジ〕、プーガ（ビンロウジュ）、カディラ〔ペグアセンノキ〕、白チャンダナ〔白檀〕を煎じたものを夜飲むと全ての泌尿病が解消され、またトリパラー、ダールハリドラー〔メギ属〕、インドラヴァールニー〔ウリ科コロシント〕、ナーガラモーター〔カヤツリグサ科ハマスゲ〕を煎じ、蜂蜜と一緒にハリドラー〔ショウガ科ウコン〕のペーストに混ぜて飲むとあらゆる泌尿病が良くなる。

ローリンバラージャも以下のように言いました。

ハリドラー〔ショウガ科ウコン〕の粉末、蜂蜜、スヴァルナマークシカ〔黄鉄鉱〕の灰を、ハリータキー〔シクンシ科ミロバランノキ〕を煎じた水で飲みなさい。泌尿病が解消される。

『ヴァイディヤ・ジーヴァナ』４／９

淋病などによる尿道炎ではダートゥ〔体を構成する要素〕の崩壊が急速に進むため、急激にヴァータドーシャが増大します。そのためまずトリドーシャ抑制作用のあるラサーヤナ、強心剤、体力増強薬の使用が必要です。ローリンバラージャは使用法について書いていますが、元になっているのは『スシュルタ・サンヒター』のこの言説です。

パンチャカルマで浄化を行った男性にハリドラー〔ショウガ科ウコン〕に蜂蜜を混ぜたアムラ果汁を飲ませよ。全ての泌尿病が改善すると言われている。

『スシュルタ』チキッツアー　11／8

アムラ果汁16トーラー〔約192g〕、ハリドラー〔ショウガ科ウコン〕1トーラー〔約12g〕、蜂蜜1トーラー〔約12g〕を一日に3回に分けて飲め。〔1トーラーは約12g〕

『ダルハナ』

滋養療法の過剰によって生じた泌尿病に対してもアムラが使用されます。

炒った大麦のローティー〔膨らませたパン〕やサクトゥー〔ボール状の焼いたパン〕を食べることで泌尿病は発生しない。また皮膚病〔白斑〕、カパ起因の排尿障害、その他皮膚病も起こらない。ムドゥガ〔緑豆〕とアムラを上と同様に毎日使用しても泌尿病、その他の皮膚病、カパ起因の排尿障害、皮膚病が起こらない。

『チャラカ・サンヒター』治療編　6／48

大麦の粉、アムラ粉末の摂取は胃腸炎に最良の薬だと言われている。

・出血性疾患、その他

「アーマラカ・ラサーヤナ〔アムラの老化防止薬〕」は、三つのドーシャをコントロールし、ピッタを鎮め、甘味代謝過程、全ての「ダートゥ」を調和させ、延命作用があり、体液の流れの素早い改善に際立った効果があります。

炒った穀物、アムラ、クシュタ〔キク科モッコウ〕、ヴァタ〔クワ科ベンガルボダイジュ〕の新芽、蜂蜜を混ぜた丸薬を口の中に入れておくと、渇きを素早く鎮めることができる。苦行者が直面する真の悩みのような内面の渇きから平静を取り戻すことができる。

別の方法としては、エーラー〔カルダモン〕、ミシュリー、ナーガラモーター〔カヤツリグサ科ハマスゲ〕、ピッパリー〔コショウ科ヒハツ〕、アムラ、ビルヴァ〔ミカン科ベルノキ〕、炒った穀物、マドゥヤシュティー〔マメ科カンゾウ〕、ラヴァンガ〔丁子、クローブ〕、クシュタ〔キク科モッコウ〕を蜂蜜に混ぜて丸薬を作り、口の中に入れておくと、直ちに渇きが落ち着く。クリシュナ神への愛よりも大きな物欲をも落ち着かせる程の効果である。

アムラは出血性疾患を抑制するために様々な方法で使用されています。チャラカ仙はこう述べました。

カパが強く消化の火が弱まっている出血性疾患の患者にとっては酸味が純質的なものとなる。彼らの飲み物には酸味が必要になるが、それはダーディマ〔ザクロ〕果汁とアムラ果汁を適切に準備した後に混ぜたものである。

アータルーシャカ〔アダトウダ〕、アムラ、ダーニャカ〔セリ科コエンドロ〕、パルパタ〔タマザキフタバムグラ〕、ドラークシャ〔ぶどう〕の「冷性」と「渋味」が出血性疾患に効きます。

女性を買いたくなる欲求は以下の方法で消し去ることができる。パルパタ〔タマザキフタバムグラ〕、ムナッカー〔種なし干しぶどう〕、ダーニャカ〔セリ科コエンドロ〕、アムラ、これら全てがライオンのような者のピッタ的な性格を冷まし、さらに出血性疾患も改善する。

詩聖ジャヤデーヴァは下の二行詩にアムラの使用法を残しました。

この薬には鼻血に対しても反作用がない。アムラ果汁に氷砂糖をいれた水、たったこれだけだが、これで鼻血がおさまらない者はいない。

『チャクラダッタ』

アムラ、ダーニャカ〔セリ科コエンドロ〕、ガイリカ〔赤土〕、カラソーラカ〔硝石、硝酸カリ〕を頭に塗ることに言及し、眼病治療にはこれがもっとも良いとしています。

トリパラー・ギー〔三果ギー剤〕、蜂蜜、大麦、シャターヴァリー〔クサスギカズラ〕、ムドゥガ〔緑豆〕、そして足のマッサージ。これらはヴェーダ医師達によって、「眼に効果があるグループ」と手短かに述べられている。

スシュルタ仙は総論編の38章でアムラ類の素材について述べています。その中にはアムラ、ハリータキー〔シクンシ科ミロバランノキ〕、ピッパリー〔コショウ科ヒハツ〕、チトラカ〔イソマツ科インドマツリ〕が含まれており、効能は下のように記されています。

アムラなどのグループの性質は、すべての熱病の熱を取り除き、そして眼に有益である。
さらに消化の火を強め、性欲を刺激し、精子を増加させ、カパと無気力を消し去る。

『スシュルタ・サンヒター』38章61

『パラム・ヴリシュヤム・ラサーヤナム』によるとアムラの催淫の効能については、もう少し議論が必要なようです。

「ムリガネーットラ〔鹿の瞳〕」と呼ばれる夜に、アムラ粉末と果汁をよく混ぜ、砂糖、蜂蜜、牛乳、ギーとともに混ぜ合わせたものを、房事を好む者は毎日使用せよ。若さのある肉体に聡明さを持った姿となり、１００歳の老人も毎日これを摂取することで若返っていく。

『ヴァイディヤカ・チャマトカーラ・チンター』

アムラ果汁の中にウラダ〔ケツルアズキ〕を七晩置いてから砂糖と蜂蜜とともに摂取する。

『クリチマーラ・タントラム』

・記憶力増強

『ラージャマールタンダカーラ』の二種類の記憶力増強法はここに紹介するのに相応しいものです。

ラージャコーシャタキー〔ヘチマ〕、アパーマールガ〔ケイノコヅチ〕、アムラ、ヴァチャー〔サトイモ科ショウブ〕の粉末を作り、蜂蜜とギーを混ぜそれを摂取する。加えて病人用の有益な食事だけの生活をすると3日後に活力を手にすることができる。ギー、ゴマ、アムラ、砂糖、パラーシャ〔ハナモツヤクノキ〕の種を、これらと同じ量の蜂蜜とともに夜間に摂ると顔の皺、白髪が無くなる。男性は必ずすぐにブリハスパティ神と同じくらいの力強さになることができる。

最後に、アムラのとても重要な特性を紹介します。読者の皆さんの興味を必ず惹くに足るものです。チャラカ仙のヨーグルト摂取についての認識です。

夜はダヒー（ヨーグルト）を食べてはいけない。砂糖、ムドゥガ〔緑豆〕のスープ、蜂蜜なしに温めず、またアムラなしでダヒーを食べてはいけない。

ヨーグルトを夜食べてはいけません。ギー、白砂糖、ムドゥガユーシュ（緑豆の汁）、はちみつ、アムラの中のいずれかを混ぜていないヨーグルトを夜食べると、熱病、出血性疾患、疥癬、皮膚病、貧血、めまい、重症の黄疸を引き起こす可能性があります。

夜間のヨーグルトの摂取は内部出血を増加させますが、アムラはそれを抑える働きがあります。ヨーグルトに混ぜて食べれば出血性疾患のリスクは上がりません。

では、先程ヨーグルトと一緒に食べるためにあげたものの中で、どれをいつ混ぜて食べるのが良いのでしょうか。

1．早朝か食前、あるいは夜の最初のプラハラ（18時〜21時）に蜂蜜か、ムドゥガ〔緑豆〕のスープを混ぜてヨーグルトを食べます。

2．正午、真夜中、あるいは食事の最中はピッタと血液を鎮める作用のあるギーあるいは砂糖を混ぜてからヨーグルトを食べます。

3．日没前、夜の終わる前、食事の終わりにヨーグルトを食べるには、アムラの粉末かムドゥガ〔緑豆〕のスープを混ぜてから摂りましょう。

ユナニ医学の考え方によると

ユナニ医学ではアムラは第2度の冷性、乾性の属性を有しています。胃と心臓と脳に力を与えるとされています。またピッタを抑え冷性を与えるため、浄化し整え排出を促す作用がありますが、脾臓には害を与えるものとされています。アムラの持つ冷性は血液の熱を抑えてピッタの勢いを和らげ、乾性は血液を浄化し新鮮な状態にします。また胃、子宮、眼に力を与え、脳にヴァーシュパ〔蒸気〕が上昇するのを抑止するので脳に非常に大きな力を与えます。そのためアムラは頭脳を明晰にするものとされています。さらに歯茎や舌もきれいにするので、アムラは身体の全ての器官に調和をもたらすものとされています。

現代の考え方によると

V・G・デサイ医師の話によると、アムラの新鮮な果実には、食欲、消化の増進、大量増強、ピッタの抑制、利尿、強精作用、皮膚のかがやきを増す、皮膚病治療などの効果があるとされています。また医師は、健康な人が日常的にアムラを摂取しても病気になるようなことはなく、むしろ抵抗力を高めることからアムラはラサーヤナ〔老化防止薬〕と呼ばれていると話しています。アムラの乾燥した実は粘液を抑えて血液の質を改善し、また大量に摂取することで胆汁の流れを促し、また下剤としての効果もあらわすこと、そして出血を抑える働きがあるので、口や鼻からの頻繁な出血、泌尿器疾患、白帯下などでも早い効果が見られることなどをアムラの効能としてあげています。

コーリー医師によるとカディラ〔ペグアセンノキ〕同様、アムラの木からも乾髄が得られる渋味の成分が出るので、咳や下痢の抑止にも用いられ、また濁り水にアムラの枝や木の一部を浸けておくことで水の汚れをとり綺麗にする使い方などもされています。さらにアムラの果汁にブドウの果汁と蜂蜜を加えたもので熱冷ましと下痢止めの効果も得られます。

ヴェート医師は以下のように記しています。アムラの木は水の中で腐ることがないので井戸の桶などに、またアムラの葉は皮のなめしに使われています。ヴァドーダラー地方ではアムラの葉とマインティー〔ウリ科コロシント〕をひいて、その煎じたものを衰弱した赤痢患者に与えると効果があります。葉の汁は悪性の肺外傷性肺労の回復に効果があり、さらに苦味強壮剤（ビタートニック）にもなります。

ナーダカルニー医師によるものでは、アムラの果汁とギーの混合薬は体力をアップするものがあります。アムラの新鮮な果実はトルキスタンでは肺病からくる発熱を抑えるために、また果汁は眼の熱感の治療に用いられているそうです。ペルシャ〔イラン〕ではアムラの果汁に蜂蜜を加え虫下しに使われています。アムラ果汁にピッパリー〔ヒハツ〕の粉末と蜂蜜を加えたものでしゃっくりや重度の呼吸困難の改善、乾燥させたアムラの実の粉末で出血性疾患と疫痢（熱帯性下痢）に効果があるとされ、さらに貧血、消化不良咳にも使われています。アムラ果実の粉末4g、レーヴァンダチーニー〔砂糖の一種〕1gを1パイント（568㎖）の水にいれ加熱して作った煎じ薬は弱い催下性、あるいは排尿促進の働きをします。他にもアムラの種を煎じたものは外用目薬として、さらにそれを内服すると熱病、糖尿病に効果があり、アムラの根の皮を蜂蜜でこすったものを塗布することや、葉を煎じたものは口内炎に効果があります。また、果実からとった不揮発性油は髪に強さを与え、育毛効果があります。葉からとれる揮発性油は芳香剤として幅広く使われています。

外用での使用

〈眼病〉

①眼病の初期段階では、よく熟したアムラの果汁を両目に一滴ずつ垂らすと、眼の充血や痛みが無くなります。

②アムラ10gを大麦の大きさくらいに粗く砕き、その2倍の水に3時間浸けてからその水を濾します。その水に樟脳を500㎎加えたものを、1回に1滴ずつを1日3、4回点眼すると結膜炎を抑える効果があります。

③アムラの果汁に硇砂《ろしゃ》（塩化アンモニウム）を21回すり混ぜたものを眼の縁に塗ると、眼のできものを消すことが出来ます。

④乾燥させたアムラとゴマを一緒に水につけ粉末からペーストにしたものを眼に塗り、少しした後に洗い流すと、眼の炎症がひき視力も増します。

⑤4：2：1の割合の量のアムラ、ハララ〔ターメリック〕、バヘーラー〔シクンシ科セイタカミロバラン〕をひき、夜の間水に浸けておきます。朝方それを濾した水で眼を洗うと様々な眼病予防になるとともに、視力も向上します。

⑥アムラ、ニームの葉、パラワラ〔カラスウリ属〕の葉、ムラハティー〔マメ科カンゾウ〕、ロードラ〔ハイノキ属〕、ゴマそれぞれを同じ分量、夜間水に浸け成分の溶け出た水を作り、眼に1～2滴垂らすことで、眼にできた炎症（できもの）を治すことができます。

⑦アムラをごく細かくひいた粉に、混じりけのない同量のラソウト〔コロンボモドキ〕を加え、さらに細かく挽きます。そこにギーと蜂蜜を混ぜたものを、朝晩眼に塗ると視力低下や、視界の暗さ、白内障、ピッタや血液の変調からくる眼病に効果があります。

⑧アムラ1の分量に対して、サインダヴァ・ナマカ〔インド、パキスタンに産する岩塩〕を8分の1、

どちらも細かい粉にして、そこに蜂蜜を加えます。それをごく少量眼に塗ることで夜盲症を改善し、視力が回復します。

⑨アムラの新鮮な果汁を手頃な鍋に入れ煮続けます。固まってきたら細長い棒状にします。それを水の中で擦り、細長い木の軸で眼に塗ると、眼の赤みはすぐに消え、美しくなります。

⑩アムラの果汁を1kgにビビータキー〔シクンシ科セイタカミロバラン〕のオイルを250g加え、鉄の容器に移して直射日光にさらします。それを少量、点眼することで眼病を予防することができます。

⑪アムラのペーストを頭から全身にくまなく擦り込みます。その後、入浴することで視力が増します。

〈頭髪の病気〉

①アムラのペーストと鉄粉にジャパー〔ブッソウゲ〕の花を加えたものを塗ることで白髪が出なくなります。

②アムラ、クシュタ〔キク科モッコウ〕、蓮の花、バリヤラー〔アオイ科アルバキンゴジカ〕、ジャターマンスィー〔オミナエシ科カンショウ、甘松香〕を同量、水とともに細かく挽き、それを頭部に塗ることで、髪が抜け落ちなくなり、ツヤのある長い巻き毛になります。

③鉄石粉末、プリンガラージャ〔キク科タカサブロウ〕の粉末、トリパラー〔三果：アムラ、ハリータキー、ビビータキー〕と黒土をサトウキビの汁の中に1ケ月間浸けておきます。それを塗ると白髪は黒くなります。

④トリパラーの粉末、クムディニー〔ヒツジグサ〕の葉、ロウハ・バスマ〔鉄の灰〕、ブリンガラージャ〔キク科タカサブロウ〕の粉末、全て同量を羊の尿とともに細かく挽き、それを塗ることでも白髪になることはありません。

⑤アムラとマンゴーの核果（中に種の入った固い殻）同量を水とともに挽いたものを塗ると白髪の防止に役立ち、さらに柔らかくツヤのある髪になります。

⑥アムラとマンゴーの核果をアームラータカ〔アムラタマゴノキ〕の果汁と一緒にすりつぶして塗ると、60日の間にハゲ（禿頭病）が治っていき、髪は光沢をもち、毛根が強くなります。

⑦アムラ、黒ごま、蓮の花の雄しべ、マドゥヤシュティー〔マメ科カンゾウ〕、蜂蜜を頭に塗ると髪の量が増え黒くなります。

⑧乾燥させたアムラ30g、ビビータキー〔シクンシ科セイタカミロバラン〕10g、マンゴーの核果50g、鉄粉10gを鍋の中に入れ、水を注ぎ一晩おきます。翌日それを頭に塗ると白髪は黒くなります。

⑨アムラとメーハンディー〔ミソハギ科ツマクレナイノキ、ヘナ〕の葉を水とともにすり混ぜたペーストを、髪の根元に塗りましょう。徐々に髪は黒くなり始めます。

⑩アムラとトゥラスィー〔カミメボウキ〕の葉の粉末ペーストを頭に塗り、水で洗い流すことで、髪の根が丈夫になります。また髪の量も増え、黒く光沢のある髪になります。

⑪1髪を長く伸ばそうとする時は、アムラとシカーカーイ〔マメ科アカシア属シカカイ〕を夜間水に浸けておき、翌朝その水で髪を洗いましょう。

⑫ライムかレモンの果汁にアムラの粉末を適量混ぜたペーストを髪に塗ることで、黒く柔らかく光沢のある髪になります。

⑬アムラとアリータ〔ムクロジ〕を夜間水に浸しておき、その水で朝髪を洗うと、髪は黒くなり、光沢も出ます。髪が長い場合は、アムラとアリータ〔ムクロジ〕の他にシカーカーイー〔マメ科アカシア属シカカイ〕も足すことが出来ます。

〈子どもの病気〉

①子どもの歯が生え始めた時、アムラの果汁を歯茎にゆっくりとすりつけましょう。すると歯が早く生えてきます。

②アムラの粉末を7回雌牛の尿ですり混ぜ、それを天日で乾燥させた後、さらに雌牛の尿とともに細かくすり混ぜます。1日に2～3回塗ることでヴィッチンナ潰瘍〔子どもの病気。ジフテリアのようにできものが破れる〕が治ります。また赤くなった発疹の跡も消えてしまうでしょう。

〈頭部の疾患〉

①アムラの粉末を牛乳と一緒にすりつぶし、頭に塗ることで、頭の過剰熱が弱まります。

②アムラをすりつぶし、そこにギーと砂糖粉末を混ぜ合わせ頭に塗ることで頭痛は消え、また頭部の怪我や腫物が治ります。

〈多汗症〉

アムラを煎じたもので手足を何回も洗っているうちに、それまで出ていた手足の汗が出なくなります。

〈黄疸〉

アムラの果汁の中でハリドラー〔ショウガ科ウコン〕粉末を擦り、それを眼の縁に塗ると、眼の黄色変化が無くなります。

〈婦人病〉

①アムラを煎じたものを尿道、女性器〔膣より〕注入すると子宮が浄化され、白帯下が改善されます。

②アムラ粉末をお湯で煎じたものを冷まし、それで女性器を洗います。女性器からの分泌物が少なくなり、また膣脱が改善されます。

〈悪臭除去〉

アムラ、ビルヴァ〔ミカン科ベルノキ〕の葉、ハララ〔ターメリック〕をまとめて挽き、それを体のどのような場所にでも塗ると、その場所の悪臭が消えてなくなります。脇の下のようにいつもかくされているような部位に使いましょう。

〈美容効果——美しさ増強のために〉

①乾燥させたアムラを水とともにすりつぶし体に塗りその後流すと、体に皺ができなくなります。

②乾燥させたアムラとゴマをすりつぶしたものでマッサージした後、洗い流します。すると体の肌ツヤが増します。

〈下痢〉

アムラを水と一緒にすりつぶし、患者のヘソを中心とした周囲に土手のような縁を作ります。その内側を生姜の汁で満たしますと、川の流れのようになっていた下痢も止まります。

〈出血性疾患〉

①アムラをギーで炒めそれを額に塗ると、上方よりの出血性疾患は鎮まります。

②アムラの葉を水ですりつぶして樟脳を混ぜたものをおでこに塗ります。同様に上方からの出血性疾患が解消されます。

③アムラ、ダーニャカ〔セリ科コエンドロ〕、代赭石〔タイシャセキ〕、硝石〔硝酸〕を水とともにすりつぶし、それを額に塗ると、鼻に関連した出血が止まります。

④アムラを水と一緒にすりつぶし、それでチャパーティーを作り額に貼り付けることで、出血が止まります。

⑤アムラをギーで炒め、そこに米から作った酸味粥、又はバターミルクですりつぶします。それを塗ることでも出血性疾患は治まります。

〈閉尿〉

乾燥させたアムラ10gを水に浸け、それに1gの硝石〔硝酸〕を加えすりつぶし、ヘソに塗ればコレラで止まってしまっていた尿が出てくるようになります。

〈排尿障害〉

アムラの粉末に水を加えてさらにすりつぶし濾します。それを陰茎に注入することで、尿道から膿の出るような泌尿器の疾患、排尿障害、尿道のしゃく熱感などが改善されます。

〈熱感（しゃく熱感）〉

アムラをライムの汁とともにすりつぶし、そこにギーを加えたものを塗布すると、ピッタ性熱発症に由来するしゃく熱感を鎮めることができます。

〈歯茎〉

アムラの果汁に同量のマスタードオイルを混ぜたものを歯茎に塗ってマッサージすることで、歯槽膿漏はすぐに消失します。

〈瘙痒《そうよう》〉

アムラをごく細かくひいた粉末にマスタードオイルを混ぜて塗るとかゆみが鎮まります。

〈ヘルペス〉

①アムラとパンワーラーの種、カディラ〔ペグアセンノキ〕をヨーグルトと一緒に細かく潰したものを塗ることで、ヘルペスの発疹や瘙みを消すことができます。

②アムラの種（核果の中の小さな種）を素焼きの壺一杯に詰め、ガジャプタ（地中に掘った小さな焼釜）で灰を作ります。その灰をココナツオイルと一緒に擦り込むと、発疹、痒みが無くなります。

〈口内炎〉

アムラの葉を煎じた液で含嗽《がんそう》し、一定時間口に含むと口内炎に効果があります。

〈外傷〉

切り傷にアムラの果汁を塗ることで出血は止まります。

内服での使用

〈熱病〉

①アムラの粉末を日に3回与えると一般的な熱病に効果があります。

②熱が出ているときに汗を出させるためには、アムラの種の沸騰させたものを作って飲ませると、発汗が促進され熱がさがります。

③発熱中に汗が出過ぎる時は、アムラ、ゴークシュラ〔ハマビシ科ハマビシ〕、チャンダナ〔白檀〕、グドゥーチー〔ツヅラフジ科イボナシツヅラフジ〕、シータラチーニー〔コショウ科ヒッチョウカ〕全てを粉にひいて服用すると、発熱時の過剰な発汗と熱を抑えることができます。

④アムラの種、チトラカ〔イソマツ科インドマツリ〕の根、ハリータキー〔シクンシ科ミロバランノキ〕とピッパリー〔コショウ科ヒハツ〕の煎じ薬は熱を抑えます。

⑤アムラ50g、小さなハリータキー〔シクンシ科ミロバランノキ〕50g、チトラカ〔イソマツ科インドマツリ〕の根20g、サインダヴァ・ナマカ〔岩塩〕20g、ピッパリー〔コショウ科ヒハツ〕10gを全てすりつぶして粉末にし、2gをぬるま湯で摂取します。それによって腹部が浄化され熱もひいていきます。また食欲増進、消化促進、痰を取り除く効果もあります。

⑥⑤で作った粉末に、10gのソーンタ〔干し生姜〕の粉末を加えたものを、雨季にお湯で飲むとマラリアにかかるおそれが無くなります。

⑦アムラ、グドゥーチー〔ツヅラフジ科イボナシツヅラフジ〕、ナーガラモーター〔カヤツリグサ科ハマスゲ〕を煎じ蜂蜜を加えて飲むことで、マラリアの弛張熱を鎮めます。

⑧アムラ、ナーガラモーター〔カヤツリグサ科ハマスゲ〕、グドゥーチー〔ツヅラフジ科イボナシツヅラフジ〕、ムールヴァー〔ツナガガイモ〕を煎じたものに、マドゥヤシュティ〔マメ科カンゾウ〕の粉を加えて飲むことでも、不規則に起こる熱を鎮められます。

⑨完熟のアムラの実を乳鉢ですりつぶし、濃さが増してきたら、蜂蜜と一緒に服用します。ピッタ性の熱はこれで治まります。

⑩アムラ、ハララ〔ターメリック〕、バヘーラー〔シクンシ科セイタカミロバラン〕、シャールマリー〔インドワタノキ〕の樹皮、ラースナー〔オオヒヒラギギク属〕、アマラターサ〔オトギリソウ科フクギ属〕、ヴァーサー〔アダトウダ〕の葉を煎じたものに、氷砂糖を加えて飲むと、ヴァータ、ピッタ性の熱が解消されます。

⑪アムラ、ハララ〔ターメリック〕、バヘーラー〔シクンシ科セイタカミロバラン〕、ナーガラモーター〔カヤツリグサ科ハマスゲ〕、グドゥーチー〔ツヅラフジ科イボナシツヅラフジ〕、パラヴァラ〔カラスウリ属〕、ソーンタ〔干し生姜〕、ニームブ〔ミカン科ライム〕の五つの部位、ニームブ〔ミカン科ライム〕の細長い枝を全て同じ量で煎じ、蜂蜜と白砂糖を加え服用することで、ドーシャ三要素の同時不調の治療に効果があります。

⑫アムラとドラークシャ〔ぶどう〕の実で作ったチャトニー（チャツネ）を舐めることで、熱病による喉の渇きを鎮めます。

⑬アムラとダーニャカ〔セリ科コエンドロ〕、同量の煎じ薬は熱病時の下痢を解消します。

⑭アムラ、ナーガラモーター〔カヤツリグサ科ハマスゲ〕、ソーンタ〔干し生姜〕、カンタカーリー〔キミノヒヨドリジョウゴ〕の根、グドゥーチー〔ツヅラフジ科イボナシツヅラフジ〕の煎じ薬にピッパリー〔コショウ科ヒハツ〕の粉末を加え、さらに蜂蜜も加えて飲みます。稽留熱〔ケイリュウネツ、止むことなく続く熱〕に効果があります。

⑮熱がおさまった後、アムラとピッパリー〔コショウ科ヒハツ〕の薬袋を入れて煮た大麦で作ったスープにギーを加え飲むことで体内の有害な物を排泄し、熱病は完治します。

〈眼病〉

①アシュヴァガンダー〔ナス科セキドメホウズキ〕の粉末を4g、マドゥヤシュティー〔マメ科カンゾウ〕の粉末を3g、アムラの果汁8gを混ぜ合わせたものを、2〜3ヶ月飲み続けると視力が向上します。

②アムラ、ハリータキー〔シクンシ科ミロバランノキ〕、ビビータキー〔シクンシ科セイタカミロバラン〕を4：2：1の割合の量で全て粉にし、そのうちの5、6gに好みの割合のギー、蜂蜜を加え服用すると、眼病にとても効果があります。

③アムラの粉末と、同量の微細粉末にした氷砂糖をアーモンドオイルで十分に湿らせ、ガラス容器に保管します。早朝に一回15〜16gをぬるま湯とともに摂取することで、かすみ目が解消し、視力が

向上します。

〈髪のトラブル（白髪）〉

①催吐療法や催下療法などで体を浄化した後に、トリパラー〔「三果」アムラ、ハリータキー〔シクンシ科ミロバランノキ〕、ビビータキー〔シクンシ科セイタカミロバラン〕〕の粉末を定期的に摂取すると、髪が黒くなります。

②アムラの粉末1g、黒ごま1g、ブリンガラージャ〔キク科タカサブロウ〕粉末2g、シトーパラー〔氷砂糖〕、イラーヤチー〔ショウガ科ショウズク、カルダモン〕、ピッパリー〔コショウ科ヒハツ〕、ヴァンシャローチャナ〔竹密、竹からとれるシリカとポタシマムが主である〕を混ぜた粉末2gを混ぜたものを牛乳か水で飲みます。5〜6ヶ月間、定期的にこれを飲み続けると、白髪は黒くなり始めます。

③乾燥させたアムラをガラスか陶器の容器に入れ、ブリンガラージャ〔キク科タカサブロウ〕の液をかけてしっかり湿らせてください。液が無くなって乾いてきたら再び液を追加します。このようにしてアムラにブリンガラージャ〔キク科タカサブロウ〕の液をふりかけて揉む作業を7回繰り返した後、日陰で乾かし細かな粉末にしてガラス容器で保管します。病人食のように毎朝3gを水で飲むことを数日間続けると白くなっていた髪が再び黒くなります。

〈子どもの病気〉

①アムラの種を2、チトラカ〔イソマツ科インドマツリ〕を1、ハララ〔ターメリック〕、ピッパリー〔コショウ科ヒハツ〕、岩塩それぞれ1／2の割合の粉末を作ります。子どもが下痢した時には1日に2～3回、適量を水で飲ませましょう。下痢が止まる他、咳や嘔吐をとめる作用もあります。

②アムラの果肉に蜂蜜とピッパリー〔コショウ科ヒハツ〕の粉末を混ぜて子どもに舐めさせると、吐き気を止めることが出来ます。

③アムラの果汁にマンドゥーラ・バスマ〔鉄くずの灰〕と蜂蜜を混ぜたものを摂取させると、子どもの血液が増加します。

〈婦人病〉

①アムラの果肉40g、蜂蜜2g、氷砂糖20g、バナナの実をすりつぶしたもの40gを混ぜ合わせたものを、2週間続けて朝晩2回舐めます。生理痛が解消します。

②アムラの種25gを極めて細かくすりつぶし、2倍の水を混ぜ3時間そのまま置いてから濾します。濾した水に今度は蜂蜜を10gと氷砂糖20gを加え、それを朝晩飲みます。3週間毎日それを続けると、白帯下が速やかに治まります。

③アムラの果肉にシャターヴァリー〔キジカクシ科クサスギカズラ属、アスパラガス〕の粉末と蜂蜜を加えたものを摂ると、膣のしゃく熱感を鎮静します。

③アムラの果肉に蜂蜜と白砂糖を加えたものを服用すると、膣のしゃく熱感が解消されます。

⑤アムラのペースト6g、蜂蜜3gをよく混ぜて、1日2～3回それを服用すると、血の混ざったおりものの解消に役立ちます。

⑥アムラ、ラークシャー（シェラック：カイガラムシの分泌物からとれる天然樹脂）、シャターヴァリー〔ユリ科クサスギカズラ属、アスパラガス〕、モーチャラサ（ワタノキからとれる樹脂）、そしてココナツの花、全て同量を煎じたものに、ラソウタ〔メギ属〕を混ぜて飲むことで、量の多過ぎる血液の混じったおりものを抑えることが出来ます。

⑦アムラ、マンゴーの核果、ムラハティー〔マメ科カンゾウ〕、ジーラカ〔セリ科クミン〕、エーラー〔カルダモン〕の中の粒、それぞれ6g、ドゥールヴァー〔イネ科ギョウギシバ〕12g、氷砂糖36gをすりつぶした粉末3gを毎日摂取することは、血の混ざった白帯下の解消に役立ちます。

⑧アムラ、チクニー・スバーリー〔牛乳などで茹でたビンロウ〕、ピスター〔ピスタチオ〕、ロードラ〔ハイノキ属〕、白チャンダナ〔白檀〕、マドゥヤシュティー〔マメ科カンゾウ〕をそれぞれ25g、氷砂糖350gをまとめてすりつぶし粉にして、ふるいにかけ、一回の分量9gを摂取してから、ドラークシャ〔ぶどう〕3g、ラソウタ〔メギ属〕3gを75㎖の水ですりつぶしたものを続けて摂取すると、こちらも血液の混じったおりものを止めることが出来ます。

⑨同量のアムラ、ハララ〔ターメリック〕、ラソウタ〔メギ属〕をすりつぶしたものを水で摂取すると、まるで堤防が水を堰き止めるように、血液の混じった白帯下を止めることが出来ます。またこのす

りつぶした粉末3～10gを月経期間中に摂取すると、妊娠することがありません。
⑩夜間に25gのアムラの粉を水に浸して置いてください。早朝、かすやゴミを濾して取り除き、1gのジーラー〔セリ科クミン〕の粉末、15gの氷砂糖を混ぜて飲みます。こちらでも血の混じったおりものを抑えることが出来ます。
⑪アムラ、ハリドラー〔ショウガ科ウコン〕、ダールハリドラー〔メギ属〕、グドゥーチー〔ツヅラフジ科イボナシツヅラフジ〕、ムラハティー〔マメ科カンゾウ〕の煎じ薬は白帯下を防ぎます。
⑫アムラ、チクニー・スバーリー〔牛乳などで茹でたビンロウ〕、マージューパラ〔オーク〕(没食子)、スィンガーラー〔ヒシ〕の全て同量を挽いて粉にし、それら全てと同量の氷砂糖を混ぜ、1回に5～10gの分量で、米を洗った残り水とともに飲みます。白帯下の改善に効果があります。
⑬アムラ、マンゴーの核果、ムラハティー〔マメ科カンゾウ〕、緑色のドゥールヴァー〔イネ科ギョウギシバ〕を3gずつと氷砂糖12gの粉末を水で摂ると、白帯下が治ります。
⑭アムラの種3～6gを水とともにすりつぶしてから濾し、蜂蜜と氷砂糖を混ぜて飲むと白帯下の治療に効果があります。
⑮アムラ20gに黒コショウの粉末1gを混ぜ毎日飲むことで、子宮筋腫が無くなります。
⑯アムラとアサガンダ〔ナス科ヴィザニア属〕の粉末同量に、それと不等の量のギーと蜂蜜を混ぜて服用することで顔に好ましく健康的な容貌が生まれます。

〈ヴァータ性の病気〉

①アムラの粉末20g、黒砂糖20gを250mlの水で加熱し、水が元の半分の量になったところで濾してください。そして1カ月の間朝晩2回服用するとリウマチの痛みが無くなります。もちろん食事の塩分も控えてください。

②古いギー30g、アムラ果汁50gを加熱し、煮詰めてギーをさらに濃縮し、それを服用するとリウマチは数日で改善します。

③同じ量のアムラ、チョーパチーニー〔サンキライ〕、アサガンダ〔ナス科ヴィザニア属〕を、1回6gの分量で朝晩2回、牛乳かぬるま湯で服用すると、あらゆる種類のヴァータ性の病気は鎮静します。ただし最低でも1週間は連続して服用しなければなりません。また血液疾患を改善することで虚弱体質を解消します。

〈痛風〉

①アムラ、ハリドラー〔ショウガ科ウコン〕、ナーガラモーター〔カヤツリグサ科ハマスゲ〕の煎じ薬は、カパの強さに由来した痛風を改善します。

②乾燥アムラをヒマ油で炒めてから粉末にしましょう。アムラと同量の氷砂糖を混ぜて保管しておきます。3〜6g朝晩2回飲むと通風の改善に効果がありますす

〈皮膚病〉

アムラ、ニンバの葉を同量、すりつぶした粉末を摂取してください。1回3〜5gを蜂蜜と一緒に摂ることで、慢性化してしまったハンセン病などの皮膚病を直ちに治します。

〈心臓病〉

アムラの粉末をマコーヤ〔イヌホオズキ〕の果汁とともに摂取すると、心臓病に効果があります。

〈血圧〉

同量のアムラ、サルパガンダー、グドゥーチー〔ツヅラフジ科イボナシツヅラフジ〕の粉末を用意して、2gを水で服用すると血圧を整えます。

〈出血性疾患〉

①アムラ粉末をヨーグルトに混ぜて食べると、出血性の疾患が改善します。

②アムラとピッパリー〔コショウ科ヒハツ〕の粉末に、同量の砂糖と鉄の灰を混ぜ粉末にします。摂取するとこちらも出血性疾患に効果があります。

③アムラを夜の間、水に浸けておき、早朝にそれをすりつぶしてからふるいにかけ、氷砂糖を加えます。服用すると出血性疾患に有効です。

④アムラ、ピッタパーパラー〔ヒマラヤハッカクレン〕、ムナッカー〔種なし干しぶどう〕、ダーニャカ〔セリ科コエンドロ〕、アドゥーサー〔キツネノマゴ科アダトウダ〕の葉の煮汁で、出血性疾患は素早く治まります。
⑤アムラ、ヴァーサー〔アダトウダ〕の葉を煎じたものに氷砂糖を加えて飲むことにも出血性疾患が対して効果があります。
⑥アムラ果汁に蜂蜜を加えて飲んでも、出血性疾患に効果的です。
⑦アムラ果汁にダーディマ〔ザクロ〕の果汁を混ぜたものにも効果があります。
⑧出血が口からだけの場合は、アムラ、マンゴー、ビルヴァ〔ミカン科ベルノキ〕の木の樹皮を砕き煎じ、そこに氷砂糖を加えたものを飲みましょう。この煎じ薬でお粥などの病人食を作ることも出来ます。

〈過酸症〉

①アムラ粉末6gをココナツの水と一緒に飲むと過酸症が治ります。
②アムラの果汁にジーラカ〔セリ科クミン〕の粉末と氷砂糖を加えて飲んでも、過酸症を鎮めます。
③アムラの果汁に蜂蜜を加えて摂取することでも過酸症を治せます。
④アムラの粉末とともにほら貝の灰を使用すると過酸症を鎮めることが出来ます。
⑤アムラの粉末をバナナの幹の汁とともに飲むと胃炎が消えます。

⑥アムラを夜の間水に浸けておきます。明朝それをひねりつぶして汁をとってから濾します。そこにジーラー〔セリ科クミン〕とその2倍の量のソーンタ〔干し生姜〕の粉末を加え、さらに牛乳に混ぜて飲みます。すぐに過酸症は治まります。

〈嗄声（サセイ）〉

アムラの粉末を牛乳と一緒に飲むと、かすれた声が正常になります。

〈食欲不振〉

①アムラとムナッカー〔種なし干しぶどう〕をすりつぶして口に入れると食欲不振が解消されます。

②同量のアムラ、ナーガラモーター〔カヤツリグサ科ハマスゲ〕、ダーラチーニー〔クスノキ科セイロンニッケイ、シナモン〕の粉を口の中に入れても食欲不振が解消されます。

③アムラ、エーラー〔カルダモン〕、パドマーカ〔バラ科ヒマラヤザクラ〕、カサ〔イネ科ベチバー〕、ピッパリー〔コショウ科ヒハツ〕、白チャンダナ〔白檀〕、ニーロートパラ〔ムラサキスイレン〕を蜂蜜に混ぜ飲みます。ピッタ由来の食欲不振はこれで解消します。

〈痔疾〉

アムラの粉末ペーストを素焼きの容器の内側に塗り、その中に牛乳から作られたバターミルクを入れてそれを飲むと痔疾が治ります。

〈咳〉

①アムラの粉末ペーストに牛乳を加えて加熱し、そこにギーを混ぜて摂取すると、咳が治ります。

②アムラの粉末50g、ハリドラー〔ショウガ科ウコン〕50g、シューンティー〔干生姜〕の粉末25gを混ぜたもの4、5gを何か飲み物とともに摂取すると咳が治まります。

③アムラ果汁に同量のお湯を混ぜ、1日3、4回摂取し、7、8日続けると、痛みを伴う咳が鎮まります。

〈嘔吐〉

①アムラの粉末と同量の白チャンダナ〔白檀〕に蜂蜜を加えて舐めると嘔吐、吐き気が治まります。

②アムラ果汁にピッパリー〔コショウ科ヒハツ〕とマリチャ〔コショウ〕の粉末、蜂蜜を混ぜ摂取すると吐き気、嘔吐が鎮まります。

③一度煮立てたアムラ果汁、種なしの干しぶどう、炒めたソーンタ〔干し生姜〕（以上全て同量）を全てすりつぶして細かい粉末をペーストにします。3時間おきに3gずつ摂取すると、嘔吐、吐き気（特にヴァータ由来のもの）が無くなります。

〈呼吸〉

アムラの煎じ薬にピッパリー〔コショウ科ヒハツ〕の粉末と蜂蜜を混ぜて飲むと、喘息などの呼吸困難が治まります。

〈異常な喉の渇き〉

アムラ、ドラークシャ〔ぶどう〕で甘い飲み物を作り、それを一度に50㎖ずつ何度も何度も飲むことで症状が治まります。

〈アルコール中毒〉

アムラの粉末に、その2倍の氷砂糖を混ぜて服用するとアルコール中毒が治まります。

〈しゃっくり〉

①アムラの果汁、カピッタ〔ナガエミカン〕の果汁にピッパリー〔コショウ科ヒハツ〕と蜂蜜を混ぜたものを飲むとしゃっくりは止まります。

②同じ割合の量のアムラ、ソーンタ〔干し生姜〕、ピッパリー〔コショウ科ヒハツ〕に、全体の2倍の量の氷砂糖を混ぜ、粉末にしたものを蜂蜜と一緒に摂取すると、しゃっくりが治まります。

〈便秘〉

アムラの粉末と、同量のアマラターサ〔オトギリソウ科フクギ属〕の花芯を6時間水に浸けた後に捻り潰してから濾します。できた水を飲むことで便秘は解消されます。

〈黄疸、貧血由来の黄疸〉

①アムラの果汁とさとうきびの絞り汁をミックスしたものを1日に3回、10日間飲むと黄疸がひきます。蜂蜜を加えて飲むことも出来ます。

②新鮮なアムラ果汁100gに大根の汁50g、プナルナヴァー〔オシロイバナ科ベニカスミ〕の汁10g、ピッパリー〔コショウ科ヒハツ〕粉末10g、蜂蜜30gを混ぜたものを、5日間飲むことで、黄疸がひきます。

③アムラの粉末とラウハ・バスマ（鉄の灰）を一緒に摂取すると貧血からくる黄疸が治ります。

〈ピッタ性の痛み〉

アムラ果汁に蜂蜜を加えた飲み物、あるいはアムラ粉末を蜂蜜とともに摂取すると、ピッタ由来の疝《せん》痛《つう》が解消されます。

〈腹部腫瘍〉

アムラを煎じたものに砂糖を加えて飲むとピッタ性腫瘍が治まります。

〈気絶、失神〉

アムラ果汁にギーを混ぜ、牛乳と一緒に摂取すると、ピッタ由来の気絶や失神を治します。

〈肝臓の疾患〉

アムラ粉末とトリカトゥ〔三辛薬〕の粉末を3gずつ、ハリドラー〔ターメリック〕の粉末を1gあわせたもの中に好みの量の蜂蜜とギーを混ぜそれを摂取します。肝臓の疾患が改善し、他の消化器官も整えられます。

〈急性中毒（口から毒物を摂取した）〉

催吐（吐かせる）、催下（下痢をおこす）の処置の後、アムラ粉末とニルヴィシー〔キンポウゲ科オオヒエンソウ〕の粉末を摂取させると、毒物の影響を最小限に抑えることが出来ます。

〈下痢〉

①アムラの葉をマインティー〔ウリ科コロシント〕の粒と一緒に煎じ、飲むことで下痢が止まります。

②アムラ10ｇと、同量あるいはその半分の量のニーロートパラ〔ムラサキスイレン〕を一緒に煎じます。それに3ｇの氷砂糖を混ぜて飲みます。消化器官の働きが順調になり下痢が治まります。

③アムラの果汁にギー又は蜂蜜を加え飲んだ後、さらに山羊の乳を飲むと血液の混じった下痢が止まります。

④冷ましたアムラの煮汁は、血の混じった下痢、慢性化した下痢や赤痢による下痢などに、直ちに効果を発揮します。

〈頭痛〉

アムラの粉末にギーを混ぜ、牛乳と一緒に摂取すると、頭痛が治まります。

〈排尿困難〉

①アムラの果汁にエーラー〔カルダモン〕の粉末を加え飲みましょう。排尿がスムーズになります。

②アムラ、ゴークシュラ〔ハマビシ科ハマビシ〕、チャンダナ〔白檀〕、グドゥーチー〔ツヅラフジ科イボナシツヅラフジ〕、シータラチーニー〔コショウ科ヒッチョウカ〕の粉末3ｇを1日に3回、冷たい水で飲みます。ピッタ由来の排尿困難が改善されます。

③アムラ粉末と、同量の黒砂糖を混ぜて摂取すると、排尿障害を取り除きます。また、出血性疾患、しゃく熱による痛みなどを抑制し、疲労感を解消する効果もあります。

④アムラ果汁に、同量の氷砂糖を混ぜ1日2回飲むと排尿困難、熱などに非常に効果があります。
⑤アムラ、ゴークシュラ〔ハマビシ科ハマビシ〕、ダーニャカ〔セリ科コエンドロ〕、砂糖で甘い飲み物を作って、1日に4、5回飲むと排尿困難が治まります。

〈泌尿病〉

①アムラ果汁に3gのハリドラー〔ターメリック〕粉末、6gの蜂蜜を加えて飲むと、21日であらゆる泌尿病が改善します。
②アムラ果汁にバターミルクを混ぜたものを飲むと、あらゆる種類の泌尿病が治まります。
③アムラ果汁にメーハンディー〔ミソハギ科ツマクレナイノキ、ヘナ〕の汁を加えたものを飲むことでも、全ての泌尿病が治ります。
④アムラ果汁にガンナー〔サトウキビ〕の絞り汁を混ぜたものを飲むと、血の混じった尿が出なくなります。
⑤アムラ、ハララ〔シクンシ科ミロバランノキ〕、バヘーラー〔シクンシ科セイタカミロバラン〕、グドゥーチー〔ツヅラフジ科イボナシツヅラフジ〕、カディラ〔ペグアセンノキ〕、白チャンダナ〔白檀〕、ハリドラー〔ターメリック〕、パーシャーナベーダ〔ヒマラヤユキノシタ〕を煎じたものを飲むことで、様々な尿道炎が解消されます。
⑥アムラ、ハララ〔シクンシ科ミロバランノキ〕、バヘーラー〔シクンシ科セイタカミロバラン〕、アー

ラグヴァダ〔ナンバンサイカチ〕の根、ムールヴァー〔ツナガガイモ〕、サヒンジャナ〔ワサビノキ〕、ニームの葉、モーチャラサ〔インドワタノキからとれる樹脂〕、種なし干しぶどうを煎じたものは、全ての泌尿病に効果があります。

⑦アムラ、ハララ〔シクンシ科ミロバランノキ〕、バヘーラー〔シクンシ科セイタカミロバラン〕、ダールハリドラー〔メギ属〕、インドラヴァールニー〔ウリ科コロシント〕、ナーガラモーター〔カヤツリグサ科ハマスゲ〕を煎じたものにハリドラー〔ターメリック〕の粉末と蜂蜜を加え服用すると、全ての種類の泌尿病を治します。

⑧アムラ、ハララ〔シクンシ科ミロバランノキ〕、バヘーラー〔シクンシ科セイタカミロバラン〕、ヴァンシャパトリー〔竹の葉〕、ナーガラモーター〔カヤツリグサ科ハマスゲ〕、パーター〔パレイラ〕の煎じ薬に蜂蜜を加えて飲むと、頻尿が解消されます。

⑨アムラの葉の汁25gに、3gのダールハリドラー〔メギ属〕、5gの氷砂糖を加えたものにも頻尿の改善に効果があります。

⑩アムラの果汁に、アルカリ性物質を加えたアドゥーサー〔キツネノマゴ科アダトウダ〕を混ぜ、飲みましょう。頻尿が改善されます。

⑪アムラ果汁に蜂蜜を加えて飲むことでも、頻尿が治まります。

⑫アムラ、ゴークシュラ〔ハマビシ科ハマビシ〕、カダリー〔バナナ〕、ブリハティー〔ナス科ナス〕、バリヤラー〔アルバキンゴジカ〕、グドゥーチー〔ツヅラフジ科イボナシツヅラフジ〕、ケーラーカンダ

〔バナナの根〕、白チャンダナ〔白檀〕を煎じて飲むと、糖尿病が改善されます。

⑬アムラ、アショーカ〔マメ科ムユウジュ〕の樹皮、アドゥーサー〔キツネノマゴ科アダトウダ〕、ハララ〔シクンシ科ミロバランノキ〕、カマラプシュパ〔スイレン科ハスの花〕各12gを全てすりつぶして細かい粉にします。マーマッジャカ〔リンドウ科〕の葉の液でこの粉末をすりつぶし保管します。朝晩10gずつ水で服用すると糖尿病が改善します。

⑭アムラの花の粉末4gを摂取すると頻尿と糖尿病が治まります。

⑮アムラの粉末3gにカーラーナマカ〔鉱物を加えた岩塩黒塩〕2g、サインダヴァ・ラヴァナ〔インド、パキスタンに産する岩塩〕20gを混ぜ合わせ、効力に応じて水250㎖に溶かして繰り返し飲むことで血尿が治まります。

⑯アムラ粉末12gと氷砂糖24gを一緒に新鮮な水とともに15日間摂取すると睡眠中に精子が流れてしまう悩みが解消されます。

⑰夜寝る時に、アムラ、ハララ〔シクンシ科ミロバランノキ〕、バヘーラー〔シクンシ科セイタカミロバラン〕の粉末5、6gを摂り、牛乳を飲むことでも睡眠中に精子が流れてしまう悩みが解消されます。

⑱アムラ、ゴークシュラ〔ハマビシ科ハマビシ〕、プナルナヴァー〔オシロイバナ科ベニカスミ〕を同じ割合の量で粉末にし、冷たい水と一緒に1日3回、1回に3，4gを摂取します。尿とともに膿の出る尿道炎に効果があります。

⑲アーマラカクシャーラ〔灰にしたアムラ〕とティラクシャーラ〔灰にしたゴマ〕を、ゴークシュラ〔ハマビシ科ハマビシ〕の煮汁と一緒に摂取すると尿糖が改善されます。

〈男性の病気〉

①全て同量のアムラ、白ムーサリー、アサガンダ〔ナス科ヴィザニア属〕、シャターヴァリー〔ユリ科クサスギカズラ属、アスパラガス〕の粉末を、1日2回3gずつを牛乳と一緒に摂取することで精子が増加します。

②アムラ果汁にギーを加えて飲むと精力増強の効果があります。

③アムラの種と、同量のアサガンダ〔ナス科ヴィザニア属〕をどちらもすりつぶして粉末にし、好みの量でギーと蜂蜜を加えて摂取すると精力増強の効果があります。

④アムラの粉末、ゴークシュラ〔ハマビシ科ハマビシ〕の粉末、グドゥーチー〔ツヅラフジ科イボナシツヅラフジ〕粉末を同じ割合にしたものを、3gの蜂蜜と一緒に摂取しても、精力増強の効果があります。

⑤アムラ、ヴァーヤヴィダンガ〔ヤブコウジ科エンベリア〕、それにダーカの種を同じ分量で粉末にし、好きな量でギーと蜂蜜を加え摂取すると、性交時の力が増します。

⑥アムラの粉末にアムラ果汁をふりかけてよくもみ、鹿の皮の上で乾燥させます。その粉末に砂糖、蜂蜜、牛乳、ギーとともに摂ります。これには強壮の効果があります。

⑦アムラの果汁にウラダ〔マメ科ケツルアズキ〕をすりつぶした粉末を混ぜ、7日間置いておきます。その後、氷砂糖を加えた牛乳とともに摂取することで、強壮の効果を得られます。

〈胃腸の消化力の過剰〉

同量のアムラの種、トゥルシー〔カミメボウキ〕の根、カマラ〔スイレン科ハス〕の種、アパーマールガ〔ケイノコヅチ〕の種を（すりつぶしたもの）に水を加えて、一つ1gほどの丸薬を作ります。1回に1、2粒、飲む時は牛乳と一緒に服用します。これで胃腸の過剰な消化熱を抑制することが出来ます。

〈知力の増加〉

アムラ、コーシャータキー〔トカドヘチマ〕、ヴァチャ〔サトイモ科ショウブ〕、同じ分量をすりつぶして粉末にし、好きな量でギー、蜂蜜を加えたものを、病人食として摂取させると知力が上がります

〈しゃく熱感〉

アムラの粉末にガンナー〔サトウキビ〕の絞り汁をふりかけそれを21回、良くもみます。朝晩2回、氷砂糖を加えた牛乳と一緒に摂取するとき、ピッタの異常な増大を解消し、しゃく熱感を鎮めます。

これまでの研究結果の様々な見解によると、野生種の小さなアムラの実には、種から育てられたア

ムラの実に比べて多くのビタミンCが含まれているそうです。乾燥するとこのビタミンCは減少します。直射日光で乾燥するとこの減少は大きく、日陰で干した実には、直射日光で干したアムラの3倍ビタミンCが残っています。そのため、朝直射日光でアムラを乾燥させるアムラの老化防止薬〔アーマラキー・ラサーヤナ〕にはビタミンCの量は少ないのですが、絞り汁の方には多くのこっているのです。

G・C・バウサール、R・K・グプター、R・S・スィング、L・B・グル
『インディアンメディカルガジェット45〜48』1965年8月5日

ウサギの血漿を用いた実験では、アムラの老化防止薬をとると血漿中に含まれるたんぱく質の量は増加しましたが、他の物質との全体の割合で見るとそれほど変化はありませんでした。体全体での量でも増加がありました。比較実験でのピッパリー〔コショウ科ヒハツ〕の老化防止薬〔ピッパリー・ラサーヤナ〕では、病気それぞれの力は増加したものの、ダートゥ〔体の構成要素〕を強くし寿命を延ばす同化作用（エネルギーを蓄積していく作用）が強く見られました。

A・ティワリ、S・P・セーン、L・Vグル、インディアン・メディカル
『ヴァーナスパティク・アヌサンダーン・ダルシカー』
1966〜1968、クリシュナチャンドラ・チュネーカル博士）

ラクターグニ〔ラクタアグニ：消化によって変換された元素から血球を作り出すアグニ〕、ラスィーカーグニ〔ラスィーカアグニ：同様に元素からリンパ液を作り出すアグニ〕の変調、不調に対し、「ニンバーマラカ〔ニンバとアムラを使用したラサーヤナ薬〕」が病院の外来で多くの患者に毎日使用されており、成果を上げています。

アーユルヴェーダ医師ハリダット・シャーストリー氏

もし人類が、血液の中に集まってしまった様々な異常な成分を、何かの方法で排除することが出来れば、全ての病気や老衰に打ち勝つことができるでしょう。この異常な成分を排除する効果があるラサーヤナ〔老化防止薬〕を学者達は探し続けた結果、３つのものに辿り着きました。その働きのある成分は、りんご、オリーブの実、そしてアムラの３つのものの中に含まれていることがわかったのです。りんごとオリーブはインドには元々なかったので、インドの偉大な聖者たちによってアムラの持つ様々な有用性が唱えられていたことは、科学的にも理にかなったことだったのです。

チャンドララージャ・バンダーリー氏

精子の減少、精力減退などのトラブルでは、アムラを摂ることはとても有益です。ピッタの異常な増大に起因する精子の減少、精力減退を改善します。精子の熱を抑えて精巣に精子をしっかりと保存できるような状態にし、精力を生み出します。

ダルジータ・シンハ氏

アムラはピッタを抑制し、発熱時の熱を取り除き、また直射日光の下を歩き回ったなどで持った熱を消し、眼の焼けるような熱を解消する、といった効果が実証されています。さらに、ちょっとしたことで疲れてしまうような虚弱、生理期間中の多量の経血、いつまでも続く経血を改善します。また旅行中の不眠、消化不良の他、その他の病気の解消にも使用されています。

パンディット・チャンドラシェーカラ・ジャイナ氏

酷暑期の暑さから逃れるには、アムラスクヴァッシュをお勧めします。まず乾燥アムラをふるいにかけてゴミを取り除きます。核果をとってから水の中で洗って泥やホコリも落とします。夜、ガラスの容器か未使用の壺に水に浸けておき、朝になってからよく揉んで濾しましょう。そのままでも、塩を加えて飲んでも良いですし、そういった昔ながらの方法が好みではない進歩的な方は蜂蜜や粗糖を混ぜ、さらに氷を入れて飲むことも出来ます。ピッタが強く出て食欲が無くなり、喉の渇きが救いようも無いほど続く、そんな酷暑に苦しんでいる方々は、この飲み物を毎朝飲むべきです。

ラメーシュ・ヴェーディー氏

血液が酸性の人、ご飯を食べると胃がもたれる人、酸っぱいものを食べると関節が痛くなる人は、アムラを使用してもそれ程の効果を得ることはないでしょう。そのよう状態ではアムラといっしょに、あるいはアムラを使ったものといっしょに牛乳を摂取するのはやめるべきです。30分か1時間あけてから牛乳は飲むことが出来ます。

食欲不振があり、便秘である、鼓腸（お腹にガスがたまってぽこんと飛び出している状態）が常態化している、胃のむかつきが度々ある、チャーイやスパーリー〔ビンロウジュ〕、ビーリー〔インド風葉巻〕をたくさん摂る習慣がある場合は、少しずつその習慣を断ちつつ、そのかわりに新鮮でも干したものでもアムラを毎日食べて、アムラのお茶、アムラの飲み物を飲むなどすると、今あげた全ての症状が解消され、体質も根本から改善されます。

クリシュナプラサード・トリヴェーディー氏

アムラはアーユルヴェーダでの糖尿病治療においてもっとも有名で、何時でもどこでも無害と言えるような非常に効果がある薬です。私も自分の医師人生の中で、多くの糖尿病患者にアムラ果汁そのものだったり、アムラの粉末だったり、アムラを使った薬剤だったりを、３gといった少量から、１回で12gという大量摂取の処方まで、ありとあらゆる形で何百人もの患者に使ってもらい糖尿病に打ち勝ってもらってきました。

アーユルヴェーダ医師ハリナーラーヤナ・シャルマ氏
『サチットラ・アーユルヴェーダ』１９８５年11月

ハリータキー〔シクンシ科ミロバランノキ〕とアムラが黄疸治療に幅広く利用されていることから、トリパラー〔三果：アムラ、ハリータキー〔シクンシ科ミロバランノキ〕、ビビータキー〔シクンシ科セイタカミロバラン〕の3つの果物〕の血液中の赤血球への効果についてさらに検証すべきである。マラリア原虫が赤血球を住処にし、そこで分裂していくことはすでによく知られているが、トリパラーの効力が赤血球の内部にまで及び、マラリア原虫の分裂を食い止める可能性は大いにある。さらなる考察と臨床試験が待ち望まれる。

ヤジュネーシュ・ヴヤース医師

チャヴァナプラーシャ同様、アムラも心疾患や出血性疾患を解消する特性を備えています。そして心臓や脳への過度の刺激を抑える働きがあります。機能の弱った脳や心臓のさらなる衰えを抑え、むしろそれらが快活に働くようにしてくれます。チャヴァナプラーシャ〔薬用なめ剤〕が多くの病気に打ち勝って来たように、アムラも様々な病気を解消する力を持っています。ラサーヤナ作用をするため、ハララ〔シクンシ科ミロバランノキ〕とアムラの成分には老化を遅らせ、病気を治療するものが多く含まれています。アムラとハララ〔シクンシ科ミロバランノキ〕が家庭薬としてインドの多くの家庭で現在でも使われていることは、2つの果実の効能と、どれだけ人々から愛されているかの1つの証明でもあります。現代医学のとても効果がある数々の薬剤でも、アムラとハララ〔シクンシ科ミロバランノキ〕の人々の人気を減らすことはできませんでした。自らの病に絶望し疲れ切った数多くの患者たちもトリパラーに救われてきました。アーユルヴェーダの医聖ヴァーグバタが遺したところによると、薬物の効力や特質が強ければ強い程、その効果は多岐にわたるのだそうです。アムラとハララ〔シクンシ科ミロバランノキ〕が老化防止と治療する力を豊富には備えていることはまぎれもない事実で不変の真理です。1つの果実でこれだけの力を得られはしないのです。この最新の医療にも決して劣らない優れた性質は、全ての人に幸福を与えると言われています。

詩聖シュリー・デーシャラージャ氏

農地の健康

化学肥料は私たちの肥沃な大地をアヘン中毒患者のようにしてしまいました。まるでアヘン中毒者が、必要な時にアヘンが手に入らないと全く何も出来なくなるように、私たちの大地も化学肥料がないと何も産み出さないのです。いま必要なのは、大地を再び健康にすることです。そのためには、有機的な農業のやり方を私たちはしっかりとマスターし自分たちのものにしなければなりません。

ナーラーヤナ・ダーサ・プラジャーパティ

Ⅳ

様々な処方

この章では、さまざまな症状のためのアムラの処方をご紹介します。

●ダートリー・カルパ

・作り方1

最高に熟した状態のアムラを1000個用意し、生き生きとした葉をつけたダーカ〔ハナモツヤクノキ〕の木を彫って穴を作りそこに詰め込みましょう。バラーサ〔ハナモツヤクノキ〕は上質で何の病気にもかかっていない木を選び、根から手2つ分上のところをノコギリで切り、切り取った方から手の半分の長さのところをさらに切ります。そして切り株の中身をノミで彫って臼のようにし、その中にアムラを詰めます。アムラを詰めたら、先程手の半分の長さで切った木を、アムラを詰めた切り株の上に置きフタにします。フタはクシャ〔イネ科チガヤ〕で縛り、上からカマラ〔スイレン科ハス〕の泥を塗りつけ密閉します。その上に野生のカンダー〔ハナモツヤクノキ〕、動物の乾燥した糞便を置いて、火をつけます。火をつけるのは夜間でなければなりません。

・作り方2

大きなダーカ〔ハナモツヤクノキ〕の乾燥していない木から作ったフタ付きの大きな容器に、上記のアムラを詰め、蒸気が外に漏れ出さないようフタをしっかりと閉じて下さい。その容器の上と下に目の細かな泥を塗りつけ、野生のカンダー〔ハナモツヤクノキ〕を燃やして加熱します。翌朝、煮立ったアムラを取り出し冷まして、核果をかき混ぜて砕きます。

次にこのよくかき混ぜたアムラの果肉３kg ８４０g、ピーパル〔ヒハツ〕の粉末３kg ８４０g、ヴィダンガ〔ヤブコウジ科エンベリア〕の粉末５kg ７６０g、砂糖を３kg ８４０g、蜂蜜、ギー、ゴマ油を各７kg ６６０gをよくかき混ぜ、内側にギーを塗った容器か陶器の入れ物に移して寝かせます。使用する際、患者は「クティー・プラヴェーシャ（小屋で規定に則った生活を送る体質改善法）」の規定に完全に従って摂取します。こうして摂取すると体に力が備わり、強く丈夫で病気や老化のない体になり、１００才までも生きることが出来ます。ちなみに1回の使用量は最大で１２０gまでです〔「日常食の後、食べられる量だけ摂取せよ。しかし食事をじゃましない量にとどめよ」チャラカ〕

『チャラカ・サンヒター』治療1章

・作り方３

よくかき混ぜたアムラの果肉60g、上質の蜂蜜60g、バター60gをよく混ぜて食べましょう。材料の量は記したものが最低の量です。空腹の時は、牛乳（特に黒い雌牛のものが最良）も好みに応じて飲みましょう。口にして良いのはこのダートリー・カルパと牛乳だけです。故マダンモーハン・マールヴィーヤ氏が若返り治療として実行したのは、「クティー・プラヴェーシャ法」よりさらに簡単なこの体質改善法で、このダートリー・カルパと牛乳以外に何も口に入れず1ヶ月間小屋（クティー）で決められた生活を送ります。この生活を送ると11日目に髪、爪、歯が抜け始め、同時に新しい歯が生えてきます。更にその後、体力がみなぎる知性を備えたハンサムになり、長寿を享受すると言われています。

・作り方4

アムラ粉末4kgに21日間アムラ果汁をかけて擦りこんでなじませます。（アムラ果汁を21回かけて擦りこんでなじませると更に良いです）。それから蜂蜜とギー4kgずつ、ピーパル〔コショウ科ヒハツ〕粉末をアムラの量の8分の1、砂糖を4分の1の分量で全て混ぜ合わせ、ギーを塗った容器に入れ、雨季に山のように盛った灰の中に埋めます。秋になってから取り出してカルパ法に従って服用します。

・作り方5

上記の方法でアムラ果汁を含ませたアムラの粉末に、同量のゴマの粉末を混ぜ、蜂蜜とギーと一緒に1ヶ月間摂取すると、知力、体力ともに若々しさを得ることが出来ます。他にも、同量のアムラ粉末とパラーサ〔ハナモツヤクノキ〕粉末を、その人の消化力に応じて夜寝る前に摂取する、アムラ粉末とアサガンダ〔セキトメホウズキ〕とゴマの粉末（全て同量）を混ぜ、ギー、蜂蜜と一緒に摂取する、これを1ヶ月間続けると、老人が若者のようになります。

『ダンヴァンタリ・カルパ・パンチャカルマ・ヴィシェーシャーンカ』

●アーマラカサハ・ガンダカ・カルパ

純質の硫黄とアムラ粉末を1：1の割合で混ぜ、そこにアムラ果汁、シャールマリー〔インドワタノキ〕果汁をそれぞれ7回加え擦りこんでから乾燥させます。これを毎日1g、砂糖と蜂蜜に混ぜて服用した後、すぐに牛乳を飲みます。このやり方で3ヶ月間毎日服用を続けると老人でさえ非常に性欲が旺盛になります。

『ラサタランギニー』

●エーカアンニャ・カルパ〔もう一つの処方〕

素焼きの壺を2つ用意し、1つには半分まで牛乳を入れ、その上に、底に小さな穴をいくつもあけたもう1つの壺を載せます。上の壺には完全に熟したアムラを1000個入れます。下になっている牛乳を入れた壺の下で弱火になるよう火をつけます。ここで注意しなければいけないのは、下の壺の牛乳が沸騰して、穴を通して上の壺にまで行かないようにすることです。牛乳から出る蒸気だけで、上の壺のアムラを加熱します。

それから、上の壺からアムラの核果を取り除き、樹皮の日陰で乾燥させ粉末にします。次にその粉末に、アムラ1000個分の果汁を擦りこみ、その粉末の8分の1の量の以下にあげる素材の粉末を混ぜ合わせます。

1. サーラパラニー〔タマツナギ〕、2. プナルナヴァー〔オシロイバナ科ベニカスミ〕、3. ジーヴアンティー〔ガガイモ科レプタデニア属〕、4. ガンゲーラナ〔ウオトリギ属〕、5. ブラーフミー〔ゴマノハグサ科オトメアゼナ〕、6. シャターヴァラ〔ユリ科クサスギカズラ属、アスパラガス〕、7. シャンカプシュピー〔ヒルガオ属〕、8. ピーパル〔ヒハツ〕、9. ヴァチャー〔サトイモ科ショウブ〕、10. ヴィダンガ〔ヤブコウジ科エンベリア〕、11. コウンチャの種、12. グドゥーチー〔ツヅラフジ科イボナシツヅラフジ〕、13.チャンダナ（赤）〔コウキ〕、14.アガラ〔ジンチョウゲ科ジンコウ〕、15.マフアー〔サトイモ科ショウブ〕の花、16.ニーロートパラ〔ムラサキスイレン〕、17.マーラティー〔キソケイ〕の花、18.グラーバ〔バラ〕の花、19.ジューヒー〔ソケイ〕の花。

上記19品目を混ぜた後、100kgのナーガバラーの汁を擦りこみ、乾いてからすりつぶして再度粉末にし、それに粉末の2割のギーと1割の蜂蜜を混ぜ、内側の表面がつるつるした容器に移し、地中に置いて四方から灰をかけ埋めてしまいます。15日後に地中から出して、毎日1gこの老化防止薬を服用します。

●トリパラー〔三果薬〕・カルパ

ハララ〔シクンシ科ミロバランノキ〕、バヘーラー〔シクンシ科セイタカミロバラン〕、アムラの3つの果実は「トリパラー」と呼ばれています。トリパラーはハララ〔シクンシ科ミロバランノキ〕が1、バヘーラー〔シクンシ科セイタカミロバラン〕が2、アムラが3の割合で構成されています。トリパラーはカパ、ピッタ、ハンセン氏病を治癒し、生命力、消化力を増加させ、眼に有益で、傷の浄化、肌の色を整え、催淫作用があり、不定期の発熱、かゆみ、嘔吐を鎮め、腫瘍、痔疾を改善し、更には記憶力を高め、知力を高めます。

トリパラーの摂取は、ヴァータ由来の疾病にはギーと黒砂糖と一緒に、ピッタ由来の疾病には蜂蜜と氷砂糖と一緒に、カパ由来の疾病にはトリカトゥ〔三辛薬〕と一緒に摂取しなければなりません。泌尿病に対しては蜂蜜と一緒に舐めてから冷たい水を飲まなければなりません。トリパラーをギーと一緒に摂取すると皮膚一般病を治療できます。サインダヴァ・ナマカ〔岩塩〕と共に摂取すると消化力が活性化します。

トリパラー〔三果薬〕を煎じたもので洗眼すると眼病が治り、煎じたものに更にギーを足して飲むことでかゆみを、ニンバカ〔レモン〕の果汁を足したものを飲むと嘔吐が治まり、牛乳と一緒に飲むと肺病が、黒砂糖と一緒ならば黄疸の症状が治ります。

トリパラーは人間にとってもっとも有益なもので、あらゆる疾病に使用することが出来ます。短時間で様々な病気を治療し更に全身にツヤと輝きを増大させます。

腫張、黄疸、貧血からくる黄疸、腹部疾患にはトリパラーを雌牛の尿と一緒に飲みます。しゃっくり、下痢、十二指腸の疾患にはバターミルクと一緒に飲みます。感覚器官が弱っている時、熱が長く続く症状のあるマラリア、肺結核にはトリパラーを牛乳と共に飲むことで症状が改善します。眼病、頭部疾患、皮膚一般病、かゆみ、創傷、慢性鼻炎、排尿障害、黄疸、消化力の低下と食欲不振には水でトリパラー粉末をすりつぶしてから食べると効果があります。冬にはトリパラーをソーンタ〔干し生姜〕の粉末と黒砂糖と一緒に、夏には氷砂糖と牛乳と一緒に、雨季にはソーンタ〔干し生姜〕と一緒に摂取すると、あらゆる病気が治ります。

『ハーリータ・サンヒター』

●チャヴァナプラーシャ〔なめ剤〕

・煎液の材料

煎液には以下の35種類の素材を各48g使います。

1．ビルヴァ〔ミカン科ベルノキ〕、2．アグニマンタ〔クマツヅラ科タイワンウオクサギ〕、3．シュヨーナーカ〔ソリザヤノキ〕、4．カーシュマルヤ〔キバナヨウラク〕、5．パータラー〔ノウセンカズラ科〕、6．バラー〔アオイ科アルバキンゴジカ〕、7．ムドゥガパルニー〔マメ科ヤブツルアズキ〕、8．マーシャパルニー〔マメ科ソリザヤアズキ〕、9．シャーラパルニー〔タマツナギ〕、10．プリシュニパルニー〔マメ科ウラリア属〕、11．ピッパリー〔コショウ科ヒハツ〕、12．ゴークシュラ〔ハマビシ科ハマビシ〕、13．ヴリハティー・ドヴァヤ〔ナス科ナス属二種〕、14．カルカタシュリンギー〔ウルシ科ハゼ　角様袋〕、15．ブーミャーマラキー〔トウダイグサ科キダチミカンソウ〕、16．ドラークシャ〔ぶどう〕、17．ジーヴァンティー〔ガガイモ科レプタデニア属〕、18．プシュカラムーラ〔キク科オグルマ属〕、19．アガルー〔ジンチョウゲ科ジンコウ〕、20．グドゥーチー〔ツヅラフジ科イボナシツヅラフジ〕、21．リッディ〔ラン科〕、22．ジーヴァカ〔ラン科ホザキイチョウラン〕、23．ハリータキー〔シクンシ科ミロバランノキ〕、24．リシャバカ〔ラン科ホザキイチョウラン属〕、25．シャティー〔ショウガ科ガジュツ〕、26．ムスター〔カヤツリグサ科カヤツリグサ〕、27．プナルナヴァー〔オシロイバナ科ベニカスミ〕、28．メーダー〔ユリ科アマドコロ属〕、29．エーラー〔ショウガ科ショウズク、カルダモン〕、30．チャンダナ〔白檀〕、31．ウトゥパラ〔スイレン科ムラサキスイレン〕、32．ヴィダーリー〔マメ科クズ〕、33．

ヴリシャムーラ〔キツネノマゴ科アダトウダ〕、34・・カーコーリー〔ユリ科ユリ属〕、35・カーカナーサー〔ガガイモ科〕

・主な材料

アムラ500個、水12kg 282g

ヤマカ〔オイル、ギーの2種混合油〕と甘味薬物

ギー288g、ゴマ油288g、氷砂糖か白砂糖2kg 400g

・作り方

煎液を作るための35種類の材料をアムラと一緒に12kg 288gの水に入れ加熱します。アムラは煮えたら先に取り出し、核果や皮、繊維などを除去します。他の煎じ薬物材料は、全てのエキスが出尽くしたところで火からおろします。先に出していたアムラは油とギーで炒めてから、再度氷砂糖か白砂糖のシロップに入れて加熱します。煮詰まってゼリー状になったら、火からおろし冷まします。冷たくなったら追加薬物を加えてよく混ぜ合わせます。これであなたのチャヴァナプラーシャ・アヴァレーハ〔舐める薬〕の出来上がりです。

・適用疾患

咳、喘息に特に効果があります。衰弱、老衰した人、虚弱な子どもには、ラサ〔体液〕、血液などのサプタダートゥ〔体を構成する7つの要素〕を増加させて体力を与えます。嗄声〔かすれ声〕や肺疾患、心臓病など胸部の疾患、通風や異常な喉の渇きを改善します。また膀胱や精液内のヴァータ、カパの異

常を鎮静します。このなめ剤を使用する人は年齢を重ねてもその体が健康を保つように知力、記憶力も衰えません。感覚器官の働き、性行為時のエネルギー、ジャタラーグニ〔胃腸の消化の火〕を高め、体の皮膚の〔肌の色〕は健康的になり、ヴァーユ〔腸内のガス〕は順調に下降します。チャヴァナプラーシャを「クティー・プラヴェーシャ」での方法に従い摂取すると、老いた男性からは老いの徴候は全てなくなり、完全な若者になります。

煎じている間、あるいはアムラを煮詰めている時は、容器の口を他の容器で覆うなどして蓋をして下さい。有効な成分が湯気と共にとんでしまいます。

アムラを煮詰める時、また不要なものを取り除く時に、アムラから出た水は、煎じている湯に戻して下さい。煎じ出しの水は少なめの方が良いのですが、アムラから出た水は全てアムラの煎じ水だと思って下さい。

●ブラーフマ・ラサーヤナ

・煎液の材料

シャーラパルニー〔タマツナギ〕、プリシュニパルニー〔マメ科ウラリア属〕、ブリハティー〔ナス科ナス〕、チョーティー・カテーリー〔ナス科キミノヒヨドリジョウゴ〕、ゴークシュラ〔ハマビシ科ハマビシ〕、ビルヴァ〔ミカン科ベルノキ〕の樹皮、ガニヤーラ（アキー）〔クマツヅラ科タイワンウオクサギ〕、シュヨーナーカ〔ノウセンカズラ科ソリザヤノキ〕の樹皮、ガンバーリー〔クマツヅラ科キダチヨウラク〕の樹皮、パータラー〔ノウセンカズラ科〕の樹皮、プナルナヴァー〔オシロイバナ科ベニカスミ〕、ムドゥガパルニー〔マメ科ヤブツルアズキ〕、マーシャパルニー〔マメ科ソリザヤアズキ〕、カライティー〔アオイ科アルバキンゴジカ〕の5つの部分、エーランダ〔トウダイグサ科トウゴマ〕の根、ジーヴァカ〔ラン科ホザキイチヨウラン〕、リシャバカ〔ラン科ホザキイチョウラン属〕、メーダー〔ユリ科アマドコロ属〕、ジーヴァンティー〔ガガイモ科レプタデニア属〕、シャターヴァラ〔ユリ科クサスギカズラ属、アスパラガス〕、ナラクラ〔イネ科ヨシ、セイタカヨシ〕（の穂先）、サトウキビの根、クシャ〔イネ科チガヤ〕、カーサ〔イネ科ナンゴクワセオバナ〕、ダーナ〔イネ科イネ〕の根、全て120gずつ。ハルレー〔シクンシ科ミロバランノキ〕15kg 600g、アムラ46kg 840gを、131kg 150gの水に入れ煎じます。煎じ水が13kg 120gになるまで煎じます。

・**追加薬物**

マンドゥーカパルニー〔セリ科ツボクサ〕（ブラーフミー）〔ゴマノハグサ科オトメアゼナ〕、ピッパリー〔コショウ科ヒハツ〕、シャンカプシュピー〔ヒルガオ属〕、ナーガラモーター〔カヤツリグサ科ハマスゲ〕、ムスター〔カヤツリグサ科カヤツリグサ〕、ヴィダンガ〔ヤブコウジ科エンベリア〕、白チャンダナ〔白檀〕、アガラ〔ジンチョウゲ科ジンコウ〕、ムラハティー〔マメ科カンゾウ〕、ハルディー〔ショウガ科ウコン〕、ヴァチャー〔サトイモ科ショウブ〕、ナーガケーサラ〔オトギリソウ科セイロンテツボク〕、イラーヤチー〔ショウガ科ショウズク、カルダモン〕の種、ダーラチーニー〔クスノキ科セイロンニッケイ、シナモン〕を各240g。砂糖62kg 100g、ゴマ油8kg、ギー12kg、蜂蜜（無い場合は白砂糖のシロップ）10

kg。

アムラとハリータキー〔シクンシ科ミロバランノキ〕は袋に入れてから煎じます。煮えたらその袋ごと外に出し、核果を取り除いてからペーストにします。ペーストができたらギーで炒めて置いておきます。煎液には砂糖を加えてシロップにして下さい。シロップができたらそこにペーストを加え加熱します。濃度が十分に増したら、前出の「追加薬物」の粉末とゴマ油を混ぜ入れます。またはハチミツを加え「ブラーフマラサーヤナ」の舐め薬の完成です

・服用法と賦形剤

一回15g（消化できるだけの分量）を牛乳か水と一緒に服用します。

・効果と利用法

この薬剤は体力の弱化、気力の弱さを改善し、寿命を延ばし、体力を与え、肌ツヤ、記憶力を強めます。規則正しく定期的に服用することで咳、喘息、体力消耗、便秘なども改善します。またこの薬剤の特筆すべき効果は、皮膚のシワと白髪を消失させ、生命力を満たす点にあります。

・特記

上記の方法で私は幾度もこのジャム剤を作ったのですが、8kgのゴマ油と12kgのギーは、そのままだとなかなかしっかり混じりません。きちんと混ざるのはその半分の量までなので、ギー、ゴマ油ともに半分を舐薬に混ぜたら残りは別にしておき、服用する際に15gのブラーフマラサーヤナ、7・50gのギー、5・00gのゴマ油を混ぜて摂るのが最適です。

『アーユルヴェーダ・サーラサングラハ』（チャラカ・サンヒター及びラサヨーガ・サーガラに基づく）

●ケーワラーマラカ・ラサーヤナ

ラサーヤナ治療を受ける人は1年の間、牛乳だけを飲まなければなりません。また、雌牛と共に生活しなければなりません。その1年間は「ガーヤトリー・マントラ」を唱え、全ての感覚器官を抑制し、禁欲生活を送り、宗教的な誓いを立て、絶食〔食事制限〕をしなければなりません。もしこの生活を1年間送れたならば、ポウシャ月（12月中～1月中）かパールグナ月（2月中～3月中）の吉祥の日を選び、この薬剤を摂ります。次のようなやり方で薬剤を摂ることを始めてください。

この薬剤を摂る前には、3日間の断食をします。それから入浴と日常の礼拝、読経により浄化した後、アムラの森に入って行きます。森の中で大きな実のついたアムラの木に登り、神々のことを思いながらその果実を手にとっている間に、アムラの実の中にアムリタ〔不老不死の甘露〕が降りて来ます。アムリタの入ったアムラをしっかり食べます。食べた分だけ一千年も生きることが出来ます。アムリタが入っていることを確かめる方法は、食べるとアムラはとても柔らかく熟していて、食べると究極的な甘さがあることでそれと分かります。青年期の状態が続いた状態で寿命が延び、ありとあらゆる病気から完全に解放されます。満ち足りた気持ちでこのアムラを食べると、神々と同じく不死となり、アムラを食した人のそばに「シュリー（女神ラクシュミー、ショーバー）」、「ヴェーダ（ヴェーダの知識）」、そして「ワークルーピニー（言語の形をしたサラスヴァティー女神）」自ら後輪します。

ケーヴァラーマラカ・ラサーヤナについての記述によって、我々はアムリタがどこにあるのか知ることが出来ます。昔はアムラが濃く生い茂っている森がありました。1月か3月に非常に丈夫なアムラの実の中に一瞬の間だけアムリタが入ります。そのアムリタの入ったアムラを食べると、蜂蜜やシロップのような味がします。このアムラは、食べた分だけ、一千年も生きられるようになっていました。アムリタの要素を含むアムラが手に入ると、神々と同じく不死になることができました。しかしアムリタを含むアムラをただ食べるだけではそれほどの効果は見られませんでした。長生きしたい者は、1年間絶え間なく雌牛と一緒に生活し牛乳だけを飲み、感覚器官を自ら制御した禁欲生活を送らなければなりません。また、その1年が終わるまでは「ガーヤトリー・マントラ」を唱えるよう言われています。1年間のこの生活の後にアムラの木に登り、アムラの実を掴んでしっかりと熟して光り輝くまで、「プラナヴァマントラ」（オーム、オーム……）を唱えるような指示がされています。それまではアムラの実の中にまだごく少ない期間生命を延ばす分だけのアムリタしかないからです。

では、そのアムリタはどこで手に入るのでしょうか。業を行った人によって、生き生きとした枝からもぎ取られたアムラの中にある、というのがその答えです。もぎ取られた直後に食べなければなりませんが、それは時間が経ってしまうとアムリタはそのアムラを捨ててどこかに行ってしまうからです。もし現代の科学者がアムリタを探す過程で、アムラが一千年も生きられる力を与える成分を持つ点に着目したのなら、もぎたてのアムラを調査しなければなりません。そしてその調査は1月か3月の15日目でなければなりません。

アムリタはだれが手に入れることができるのでしょうか。この答えは既にお話しましたが、1年間、自身の感覚器官を制御し、禁欲を守り牛乳だけを飲み、牛と生活し、直前の3日間断食した人だけが手にすることが出来来ます。

アーチャールヤ・ラグヴィールプラサード・トリヴェーディー氏
（ダンヴァンタリ・チャラカ・治療編）

●ダートリー・シャトパラカ・グリタ

ギー1kg 276g、アムラの果汁12kg 768g、ピッパリー〔コショウ科ヒハツ〕、ピッパリー〔コショウ科ヒハツ〕の根、チャヴィヤ〔コショウ科チャバコショウ〕、チトラカ〔イソマツ科インドマツリ〕、ソーンタ〔干し生姜〕、ヤヴァクシャーラ〔大麦を取り除いた全草を完全に焼き白くなった灰に水を加え、クシャーラの味が無くなるまで同作業をする。取り除いた灰水を水分が無くなるまで加熱する。水分が無くなった後に残った白い物質を乾燥させた粉末〕の粉末を各96g用意します。

水を12kg 768gしっかり計って、粗糖とサインダヴァ・ナマカ〔岩塩〕を混ぜてから使います。

・一回の使用量

6g

・効能

腫瘍を短期間に治します。

『バイシャジャ・ラトナーヴァリー』

●アーマラキー・グリタ

この処方薬は特別なものです。このギー剤を服用することにより体形を太らせ丈夫にし、感覚器官と運動器官を安定させ、肌の色を美しく、声を雷のように大きくする。この薬剤を服用すると以上の効果があります。また健康で力強い子孫をたくさん残すことも出来ます。

この「アーマラキー・グリタ」〔アムラのギー〕は普通のギーではありません。アムラなどの薬用の素材と一緒に、ギーの製造法に従って作らなければなりません。一度牛乳からギーを精製し、さらに100回、1000回と精製を繰り返してから、ギーの4分の1の量の粗糖と蜂蜜を加えます。消化力の強さに応じて、毎朝服用します。摂取したギーを消化した後にサーティー米〔シャスティカ、60日間で熟穂する早稲米〕のご飯、牛乳、ギーを混ぜたものを食べましょう。このアーマラキー・グリタの効果についてチャラカはこのように記しています。

このアムラの若返り薬を連続して飲み続けることによって、老化することなく100歳まで生きることができる。聞いたこと、読んだことをはっきり覚えておくことができ、すべての病気を鎮静する。女性との性行為において何ら支障はなく精力を持つ子孫をつくることができる。

雌牛のギー3kg62gに、アムラ果汁12kg２８８g、プナルナヴァー〔オシロイバナ科ベニカスミ〕の根の粉末ペースト７６８gを加えさらに精製します。精製されたギーに再度12kg２８８gのアムラ果汁と68gのプナルナヴァー〔オシロイバナ科ベニカスミ〕の根粉末ペーストを加える、この作業を１００回から１０００回と繰り返します。それから製造されたギーの4分の1の量のジーヴァンティー〔ガガイモ科レプタデニア属〕の粉末ペースト、4倍の量のヴィダーリーカンダ〔アルバキンゴジカマメ科クズ属〕の汁を加え、また１００回、１０００回と精製を繰り返します。次にそのギーの4倍量の牛乳と、バラー〔アオイ科アルバキンゴジカ〕とアティバラー〔アオイ科シマイチビ〕を煎じた液を、牛乳と同じ量を加え、さらにギーの4分の1の量のアスパラガス粉末のペーストを加え、1回、１００回、１０００回と精製を繰り返します。こうして出来たギーは金か銀の容器、あるいはギーが混ぜられた特に丈夫な素焼きの容器に入れ、蓋をして保管します。

『チャラカ・サンヒター』

●アーマラカ・グリタ

アムラ果汁4に対して雌牛のギー1を加え、精製します。ピッタ性の腫瘍を取り除きます。

『チャラカ・サンヒター』

●アーマラキー・グリタ

768gのギーに12kg 244gのアムラ果汁、96gのムラハティー〔マメ科カンゾウ〕粉末ペーストを加え製造します。ピッタ性てんかんを鎮静します。

『チャラカ・サンヒター』

●ブリハッド・ダートリー・グリタ

アムラ果汁、ヴィダーリーカンダ〔アルバキンゴジカマメ科クズ属〕とシャターヴァリー〔ユリ科クサスギカズラ属、アスパラガス〕の汁、雌牛の乳、ギー768gを混ぜ合わせます。

次にカーサ〔イネ科ナンゴクワセオバナ〕、ダルバ〔イネ科チガヤ〕、黒ガンナー〔サトウキビ〕、サラ〔イネ科モンジャソウ〕、カサ〔イネ科ベチバー〕それぞれの根を各192g粗挽きにして、8kgの水で煎じます。

煎液が残り768gになったら、それを濾して、アムラや牛乳の方の液に混ぜ弱火で加熱します。全ての水分が飛んでギーの分量だけになったら、火からおろして再度濾し、ムラハティー〔マメ科カンゾウ〕、ニソータ〔ヒルガオ科フウセンアサガオ〕、ヤヴァクシャーラ〔大麦灰化ろ過成分〕の粉末48gと、砂糖と蜂蜜384gを混ぜて出来上がりです。

服用法は、毎日12～24gこのギーを摂取した直後に、アショーカ〔マメ科ムユウジュ〕、グドゥーチー〔ツヅラフジ科イボナシツヅラフジ〕、アドゥーサー〔キツネノマゴ科アダトウダ〕の根の皮、ダールハルディー〔メギ属〕、ナーガラモーター〔カヤツリグサ科ハマスゲ〕、ラクタチャンダナ〔マメ科コーキ〕の粉末で作った煎液を飲みます。
これで女性に発生するあらゆる種類のおりものの問題は解消されます。さらに体も丈夫になります。

●マハーティクタ・グリタ

アティーサ〔キンポウゲ科トリカブト属〕、アマラターサ〔オトギリソウ科フクギ属〕、クタキー〔ゴマノハグサ科コオウレン〕、黒パーラ〔ツヅラフジ科〕、ナーガラモーター〔カヤツリグサ科ハマスゲ〕、ハララ〔シクンシ科ミロバランノキ〕、アムラ、ニーム〔センダン〕の内皮層、ダマーサー〔ハマビシ科〕、ラクタチャンダナ〔マメ科コーキ〕、ピッパリー〔コショウ科ヒハツ〕、ガジャピーパラ〔サトイモ科〕、パドマーカ〔バラ科ヒマラヤザクラ〕、ハルディー〔ショウガ科ウコン〕、ダールハルディー〔メギ属〕、ヴァチャー〔サトイモ科ショウブ〕、インドラーヤナ〔ウリ科コロシント〕、シャターヴァリー〔ユリ科クサスギカズラ属、アスパラガス〕、サラ〔イネ科モンジャソウ〕(白)、サラ〔イネ科モンジャソウ〕(黒)、インドラジョウ〔キョウチクトウ科コネッシ〕、アドゥーサー〔キツネノマゴ科アダトウダ〕、グドゥーチー〔ツヅラフジ科イボナシツヅラフジ〕、チラーヤター〔リンドウ科センブリ属〕、ムラハティー〔マメ科カンゾウ〕、トラーヤマーナ〔リンドウ科リンドウ属〕全て12gを水とともにすりつぶして、ペースト状にします。

次にそれを鉄鍋に移して、1kg 536gの水、2kg 62gの新鮮なアムラ果汁、1kg 236gのギーを加え弱火で加熱し続けます。残りがギーの分量だけになるまで煮たら、火からおろして濾して置いておきます。このギーを1日に2回、12〜24gの範囲内で服用し、その直後に少しだけ冷たい水を飲むことで、ハンセン氏病、痛風、出血を伴う痔疾、過酸症、できもの、掻痒、貧血、黄疸、頸部瘰癧、痔瘻などの困難な病気の治癒にも効果をあらわします。

『チキッツァーダルパナ』

●アーマラカーヴァレーハ

この「アーマラカーヴァレーハ」（アムラの舐剤）にも、先にあげた「アーマラキー・グリタ」と同様の効果があります。

1000個のアムラと1000個の大きなピッパリー〔コショウ科ヒハツ〕を、ダーカ〔ハナモツヤクノキ〕のクシャーラ（アルカリ化した灰）を溶かした水に浸け、ダーカ〔ハナモツヤクノキ〕のクシャーラがアムラとピッパリー〔コショウ科ヒハツ〕に浸透したら取り出して日陰で乾燥します。核果を取り除き全て粉末にしてから、粉末の4倍の蜂蜜と4分の1の氷砂糖の粉末を混ぜ、表面がつるつるで丈夫な容器に移して密閉します。それから地面に掘った穴の中に6ヶ月間埋めておきましょう。6ヶ月後に取り出して、ラサーヤナ治療を受ける人の消化力に応じた分量を、早朝摂取します。摂取したら、その日の第3プラハラ（12～15時）にサートミヤ（純質的な）食事をしましょう。

『チャラカ・サンヒター』

●アーマラカーヴァレーハ

質の良いアムラを1000個、切ったばかりでまだ乾いていない木で作った容器に入れます。その入れ物の上を、同じく乾いていない木の蓋でしっかり閉めて、四方にサラ〔イネ科モンジャソウ〕を押し詰めて火をつけましょう。アムラが煮えたら取り出して、核果を取り除き、布で漉します。アムラをすりつぶして、そこに768gのピッパリー〔コショウ科ヒハツ〕の粉末、768gの皮を取ったヴィダンガ〔ヤブコウジ科エンベリア〕の粉末、氷砂糖を1kg152g、ごま油と蜂蜜とギーをそれぞれ1kg536g混ぜます。

混ぜたら表面がつるつるの大きな器に移し、21日間寝かせましょう。このアーマラカーヴァレーハ（アムラの舐め薬）を摂取すると、1000歳まで老いることなく生きられます。その他の効能は他のラサーヤナ（老化防止薬）と同じです。

●ダートリーパーカ

熟した上質のアムラ100個に針を突き刺して穴を開け、生姜汁250㎖、水2kgの中に入れて煮ます。次に牛乳2kgで煮ます。最後に水だけで煮てから、アムラの実を蜂蜜の中に20日間漬けます。それから1kgの氷砂糖のシロップを用意し、その中に核果を取り除いた先程のアムラのペーストを混ぜます。さらにガジャピーパラ〔サトイモ科〕、エーラー〔ショウガ科ショウズク、カルダモン〕、ヴァンシャローチャナ〔竹密、竹からとれるシリカ・ポタシアム〕、ラウハ・バスマ（鉄灰）、バンガ・バスマ（錫の灰）を各20gずつ粉末にして混ぜます。

1回10gの分量で摂取すると、結核、泌尿病、皮膚病などの病気を治します。また最高の強壮剤でありながらも、子どもにも食べさせられる甘いなめ剤です。トリドーシャの異常を調えて体力・精力をつけます。

●ダートリャヴァレーハ

24kg576gのアムラ果汁に、ヴァンシャローチャナ〔竹密、竹からとれるシリカ・ポタシアム〕、ソーンタ〔干し生姜〕、ムラハティー〔マメ科カンゾウ〕を96gずつ、ピッパリー〔コショウ科ヒハツ〕とムナッカー〔種なし干しぶどう〕を768gずつ、さらに2kg400gの砂糖を加え、なめ剤のペーストになるまで煮ましょう。冷ました後、768gの蜂蜜を加えてから保管します。1回12gの分量で摂取すると、貧血、様々な原因の黄疸、悪性の黄疸を治します。

『チャラカ・サンヒター』治癒編

●ダートリー・ラサーヤナ（ノーシャダール）

実のよく詰まった新鮮なアムラ2kgを、一昼夜牛乳の中に浸しておきます。翌日水で洗ってから、核果が取れるくらいになるまで水で煮ます。お湯から出して核果を取り除いた後、錫でメッキしてある容器にパータサナ〔カシミールシルクの切布〕の布を結びつけ、布の上でアムラを手で揉み、押して漉します。その後、その中に雌牛のギーを120g加えて弱火で加熱します。煮ている間は木の棒などでかき回し続けてください。アムラとギーが分離してコーヤー〔牛乳を加熱、濃縮して固形にしたもの〕のようになったら、火からおろします。それから５kgの砂糖に、微量のローズエッセンスを加えシロップを作ります。シロップ状になったら、そこに先程のアムラを加えよく混ぜて、火からおろします。冷めてからエーラー〔ショウガ科ショウズク、カルダモン〕の粒、ナーガラモーター〔カヤツリグサ科ハマスゲ〕、アガラ〔ジンチョウゲ科ジンコウ〕、タガラ〔オミナエシ科カノコソウ属〕、ジャターマンシー〔オミナエシ科カンショウ、甘松香〕、白チャンダナ〔白檀〕、ヴァンシャローチャナ〔竹密、竹からとれるシリカ・ポタシアム〕、ルーミーマスタンギー〔ウルシ科ピスタチオ〕、ジャーヤパラ〔トウダイグサ科ハズ〕、ジャーヴィトリー〔ニクズク科ニクズクの葉〕、ケーシャラ〔サフラン〕、テージャパータ〔クスノキ科タマラニッケイ〕、ターリーサパトラ〔イチイ科イチイ〕の葉、ラヴァンガ〔丁子、クローブ〕、薔薇の花、ダーニヤカ〔セリ科コエンドロ〕、クリシュナジィーラカ〔セリ科ヒメウイキョウ〕、カプーラカチャリー〔ショウガ科サンナ〕、ニルヴィシャ（ジャダヴァーラカターイー）〔キンポウゲ科オオヒエンソウ〕、ダーラチーニー〔クスノキ科セイロンニッケイ、シナモン〕、まゆの欠片、ビジョウラ〔ミカン科ブッシュカン〕の乾燥させた皮、全て12gずつの粉末を加えた後、最後に銀箔を１００枚と金箔を25枚加えて、ガラスか陶器の容器に入れて寝かせましょう。40日後に使用できます。

また、この中にカストゥーリー〔ジャコウ〕、アンバル〔竜涎香〕、プラヴァーラ〔珊瑚〕を挽いたもの、ムクター〔真珠〕を挽いたものをそれぞれ12gずつさらに追加して加えると、さらに効き目のあるものになります。

・使用法、賦形剤

食事の3時間前に2分の1トーラー（約6g）から1トーラー（約12g）を摂取します。摂取したらすぐに、温めた牛乳を飲みます。

・効能

最高の強壮薬（ラサーヤナ）です。老化防止、精力増強、体力増強、身体に栄養をつける、精神力と脳に力を与えます。また食欲を旺盛にします。

『シッダ・ヨーガ・サングラハ』

●アムラのムラッバー〔インド風ジャム〕

新鮮で熟した大きなアムラを手に入れましょう。竹炭か、洋銀〔亜鉛、銅、ニッケルの合金〕や真鍮でメッキされたフォークで、アムラの四方から穴を開けます。それから石灰を溶かした水の上澄みに24時間浸しておきます。この石灰水の上澄みは石灰を16倍の水に溶かし、3時間後に綺麗な上澄みの部分を使います。

24時間後、少し強めの火でアムラを煮て、その後日陰で乾燥します。4～6時間後、アムラの重さの2倍の量の砂糖でシロップを作り、そこにアムラを加えましょう。

8～10日後、こうして出来上がったアムラのムラッバー〔インド風ジャム〕に、アムラ果汁を加えると泡が出てくるのでそれを取り除き、アムラの重量の4倍の砂糖のシロップをさらに加えます。こうすることでアムラの酸っぱさがなくなり、2、3年保存できるようになります。1kgのアムラに6gの割合のケーシャラ（サフラン）を、最後に混ぜたシロップに前もって混ぜておくことも可能です。

・使用量

1回にアムラ1つか2つ。銀箔や他に適した薬と一緒に食べられます。

・効能

しゃく熱感、頭痛、ピッタの異常な増加、めまい、眼の熱感、便秘、痔、血液疾患、淋病、皮膚病、精力異常などを治します。増大悪化したピッタを抑制し身体に力をつけます。

『ラサタントラ・サーラサングラハ』

・別の作り方

新鮮な緑色のアムラを水でゆでます。アムラが柔らかくなったら、少し乾かして、粗糖を溶かした水に浸けます。翌日その水ごとアムラを様子を見ながら煮ます。3日目もアムラの様子を見てみます。シロップが薄まっているようならまた火にかけて、粗糖を溶かしたシロップを調整します。

・使用量

ムラッバー［インド風ジャム］、アムラ一個を水で洗ってから銀箔で巻いて食べましょう。

・効能

脳、胃、心臓、肝臓に力を与えます。嘔吐、下痢、頭部の病気にも効果があります。

●カーンダーマラキー

茹でてから、布で皮や繊維などを綺麗に取り去りうらごしした冬瓜2kg500gを、384gのギーで炒めます。そこに2kg500gの氷砂糖、アムラ果汁786g、冬瓜を煮た水768gを全て一緒に加えて加熱します。全てに火が通ったらピッパリー〔コショウ科ヒハツ〕、ジーラー〔セリ科クミン〕、ソーンタ〔干し生姜〕を99g、黒胡椒48g、ターリーサ〔マツ科ヒマラヤモミ〕の葉、ダーニャカ〔セリ科コエンドロ〕、ダーラチーニー〔クスノキ科セイロンニッケイ、シナモン〕、テージャパータ〔クスノキ科タマラニッケイ〕、エーラー〔ショウガ科ショウズク、カルダモン〕、ナーガケーサラ〔オトギリソウ科セイロンテツボク〕、ナーガラモーター〔カヤツリグサ科ハマスゲ〕を各12gずつの粉末を加えて、火を止めます。冷めてから786gの蜂蜜を混ぜ、大きくて表面がつるつるの容器に移し替えましょう。これを摂取するとトリドーシャに関係した食後の痛み、嘔吐、胃炎、気絶、咳、喘息、消化不良、心臓の痛み、出血性疾患、背中の痛みを解消します。この優れたラサーヤナ（老化防止薬）の使用量は一回につき3から6gです。

『チャクラダッタ』

●アーマラキー・カンダ

種などを取り除いてあるアムラ2kg500gを、768gのギーで炒めます。そこに氷砂糖とアムラ果汁384g、冬瓜の汁768gを加えて加熱します。加熱を続け、おたまに抵抗が出てきたら、ピッパリー〔コショウ科ヒハツ〕、ジーラー〔セリ科クミン〕、ソーンタ〔干し生姜〕、黒胡椒を各96gずつ、ターリーサ〔マツ科ヒマラヤモミ〕の葉、ダーニャカ〔セリ科コエンドロ〕を各48g、ダーラチーニー〔クスノキ科セイロンニッケイ、シナモン〕、エーラー〔ショウガ科ショウズク、カルダモン〕、ナーガケーサラ〔オトギリソウ科セイロンテツボク〕、テージャパータ〔クスノキ科タマラニッケイ〕、ムスター〔カヤツリグサ科カヤツリグサ〕をそれぞれ12gずつ、全てすりつぶして粉末にしたものを混ぜて、火を止めます。冷めてから蜂蜜を384g加えてから保管しましょう。

・使用量

12～30gを摂取することで、トリドーシャが関係している食後の痛み、嘔吐、失神、喘息、咳、食欲不振、心臓の痛み、背中の痛み、出血性疾患を治します。この「アーマラキー・カンダ」も優れた強壮薬の1つです。

『ヴァンガセーナ・サンヒター』

●アーマラキー・カンダ

上質のアムラ384gを煮てから核果を取り除いておきます。2kgの牛乳と一緒にアムラをすりつぶし、その後2kgのギーで炒めてから、2kgの粗糖のシロップを加えます。192gのアドゥーサー〔キツネノマゴ科アダトウダ〕粉末と、ジーラー〔セリ科クミン〕、黒胡椒、ピッパリー〔コショウ科ヒハツ〕、ダーラチーニー〔クスノキ科セイロンニッケイ、シナモン〕、エーラー〔ショウガ科ショウズク、カルダモン〕、テージャパータ〔クスノキ科タマラニッケイ〕の粉末12gを混ぜてから、表面がつるつるの容器に入れて保管します。

・使用量

12〜24gを服用することで、なかなか治らない火傷、気絶、慢性化した嘔吐症などに効果があります。

『ヴァンガセーナ・サンヒター』

●アーディティヤ・パーカ・アーマラキー・カンダ

しっかり熟した繊維の少ないアムラに、「ムラッバー〔インド風ジャム〕」を作った時と同じように、フォークを突き刺して穴を開けます。その後、砂糖か黒砂糖を混ぜてから素焼きの容器にいれて、熟成させるために直射日光下におきます。完全に汁がなくなってきたら、今度は容器を日陰で保管します。この薬剤は「アーディティヤ・パーク・アーマラキー・カンダ」と呼ばれています。暑い日に、この薬剤を食べてから水を飲むと、喉の渇きが減ります。また体内の火照りを和らげることも出来ます。

『アマラ・ヴィシュヴァコーシャ』

●アーマラキーサーラ（ガナサットヴァ）

完熟のアムラを潰して汁をとり、石の乳鉢ですりつぶします。汁が濃くなってきたら、再度新鮮な汁をかけて混ぜ、またすりつぶします。この調子で「汁をかけてすりつぶす」を繰り返しているうちに、丸めて玉を作れるようになったらそれで丸薬を作り、あるいは乾燥させて粉末にして保存します。

アムラの果汁をボトルにいれてしばらくおいた後、底の方に成分が沈んできます。それを乾燥させて乳鉢で細かく砕くと、濃縮したものを作ることも出来ます。この濃縮丸薬はピッタドーシャを抑制する作用があり、ピッタ性熱病、五十肩などの肩甲部硬直を抑える効果があります。摂取する量は、初めは500mgから2gの量を摂ることが出来ます。ボトルの底に沈殿していた成分は、125mgから1gまでの分量で服用すべきです。

●アーマラキャーディ・ラウハ

アムラ、ピッパリー〔コショウ科ヒハツ〕、ロウハ・バスマ（鉄灰）、氷砂糖、全て同じ割合で混ぜて作ります。他には、アムラとピッパリー〔コショウ科ヒハツ〕を1：1、氷砂糖を2、ロウハ・バスマを4の割合で混ぜて、乳鉢ですりつぶして微細粉末にする方法もあります。出血性疾患を治し、強精作用、消化力の火増強、過酸症の除去、体力を増加させるなどの効果があります。

またヴァータ・ピッタドーシャに起因した様々な病気の治療にも効果があります。

『ラセンドラ・チンターマニ』

●ダートリー・ラウハ

よく熟したアムラを石で砕いて核果を取り除いてから、日陰で乾燥させ、布を使ってふるい、潰して粉末にします。こうして用意したアムラの粉末384g、ラウハ・バスマ192g、ナイフで崩して上の部分の皮をとり、それから布でふるったムラハティー〔マメ科カンゾウ〕の粉末96gを混ぜ、グドゥーチー〔ツヅラフジ科イボナシツヅラフジ〕の新鮮な汁で7日間まぜます。その後、強い日差しの下で乾かしてから布でこしてからガラスに移し替えます。

・使用量

625mgから1g250mg

・賦形剤

食事の前に服用すると、ピッタ、ヴァーユ由来の病気が治ります。食事中に服用すると排便の障害（便秘）や食べたものによる胸やけを治します。食後に服用すると、食後の胃痛がなくなります。食後の胃痛と過酸症には最高の薬剤です。

『チャクラダッタ』

●ダートリャーリシュタ

よく熟したアムラの果実2000個を潰して果汁を絞り出します。その果汁と、果汁の8分の1の量の蜂蜜、ピッパリー〔コショウ科ヒハツ〕粉末96g、砂糖2kgを混ぜて、表面がつるつるな壺に全てを入れ、発酵させながら15日間寝かせましょう。15日後、出来上がったら取り出して濾してから保存します。

・使用量と賦形剤

15～30gを同量の水に混ぜて朝晩2回、何か少し食べてから服用します。

・効果と使用法

服用すると貧血、黄疸、心疾患、痛風、マラリア〔不規則に発熱する熱病〕、咳、しゃっくり、食欲不振、喘息を抑制します。

・貧血に起因した黄疸と、それ以外の黄疸

体内の血液成分が減少すると水分量の増加が顕著になり、体が黄色がかって見えるようになります。食欲はなくなり下痢が続きます。このような症状の時に「ダートリャーリシュタ」の摂取は非常に効果的です。アムラに鉄分が含まれることで体は滋養がつき、血液成分を増加させることができます。この薬剤の主原料はアムラ果汁なので、黄疸にはとても有効なのです。血液成分が増加すると水分が減り、むくみや腫れがひいていきます。それから徐々に身体の黄色が消え、数日後には健康になります。

『チャクラダッタ』

●アーマラキャーディ・カシャーヤ

アムラ、大きな粒のハララ〔シクンシ科ミロバランノキ〕、ピッパリー〔コショウ科ヒハツ〕(小)、チトラカ〔イソマツ科インドマツリ〕は「アーマラキャーディガナ〔アムラのグループ〕」に属しています。このグループを材料にした煎じ薬を使うことで、全てのタイプの熱病とカパ性の異常をなくします。また食欲を促し消化力強め、緩やかな催下作用の働きもあります。

『スシュルタ・サンヒター』

●アーマラキャーディ・グティカー

アムラ、カマラ〔スイレン科ハス〕、クシュタ〔キク科モッコウ〕、炒り米、ヴァタ〔クワ科ベンガルボダイジュ〕の芽を全て粉末にし蜂蜜を加えて丸薬を作り、口の中に入れなめます。この丸薬は異常な喉の渇き、重症の口内炎を治します。

『シャーランガダラ・サンヒター』

●アーマラキャーディ・ヴァティー

炒めたアムラ、白ジーラー〔セリ科クミン〕、胡椒、ピッパリー〔コショウ科ヒハツ〕(小)、ダーラチーニー〔クスノキ科セイロンニッケイ、シナモン〕、ソーンタ〔干し生姜〕を各2g、ダーニャカ〔セリ科コエンドロ〕、フェンネル、ハララ〔シクンシ科ミロバランノキ〕(小)を4gずつ、サインダヴァ・ナマカ〔岩塩〕12g、カーラーナマカ〔黒塩〕6g、海塩12g、プディーナー〔シソ科ミドリハッカ〕の葉60枚の全てを粉末にし、必要な量の水を加えて、1・2gの小さな丸薬を作ります。この丸薬は消化不良、食欲不振、消化の火緩慢に効果があります。

『ダンヴァンタリ・ヴァノウシャディ・ヴィシェーシャーンカ』

●アーマラキャーディ・ヴァティー

煮たアムラをおろし金を使ってすりおろします。このすりおろしたペーストに前述の量と同量の、炒めたジーラー〔セリ科クミン〕、胡椒、ソーンタ〔干し生姜〕、サインダヴァ・ナマカ〔岩塩〕、炒めたヒングを適量加え、1つ500㎎の小さな丸薬を作ります。この丸薬を舐めることで、消化器の様々な病気が改善します。胃の消化液と肝臓の胆汁が不足することに起因した食欲不振や消化の火低下などの改善には一番有効な薬です。

『ダンヴァンタリ・ヴァノウシャディ・ヴィシェーシャーンカ』

●アーマラカ・チュールナ

768gのアムラ粉末にアムラ1000個の果汁を21日間加えながら擦り混ぜ合わせたあと、一度乾燥させます。続いて、蜂蜜、ギー、ピッパリー〔コショウ科ヒハツ〕粉末をそれぞれ768g、氷砂糖1kg536gの粉末を混ぜてから、陶製の容器に入れ蓋をして雨季の始まる前に灰の山の中に埋め、雨季が終わってから取り出し、雨季が終わってから消化力に応じて服用します。服用後は直ちに適切な養生法をしなければなりません。このように服用することで老けることなく100歳まで生きることができます。その他の性質は「ブラーフマラサーヤナ」と同じです。

『チャラカ・サンヒター』

●アーマラキャーディ・チュールナ

アムラ、チトラカ〔イソマツ科インドマツリ〕、ハララ〔ショウガ科ウコン〕、ピッパリー〔コショウ科ヒハツ〕、サインダヴァ・ナマカ〔岩塩〕の粉末を作ります。この粉末を摂取すると、全ての種類の熱病が鎮静します。また下剤抑制、食欲増進、消化力増強の効果もあり、食欲不振を解消しカパドーシャを抑えます。

『シャーランガダラ・サンヒター』

●アーマラキャーディ・チュールナ

アムラ、ハリータキー〔シクンシ科ミロバランノキ〕、ピーパラ〔コショウ科ヒハツ〕(小)、チトラカ〔イソマツ科インドマツリ〕、カーラーナマカ〔黒塩〕、ヤヴァクシャーラ〔大麦灰化ろ過成分〕全て同じ量でごく細かい粉末を作ります。1日に2、3回、2、3gの粉末をお湯で飲むことを、1～2週間続けます。これで熱病後の衰弱や便秘を解消します。熱病が再発する恐れもなくなります。空腹感が徐々に湧いてきます。便通が良くなります。微熱があっても鎮まります。身体に体力をつけます。尚、この薬剤は癖性をつくることもあるので、長期間の使用は控えましょう。

『ヴァイディヤ・サハチャラ』

●スガンディタ・アーンヴァレー・カ・テーラ〔芳香アムラ油〕

熟していないアムラの果汁を2kg、精製したゴマ油2kg、半分だけ挽いたムラハティー〔マメ科カンゾウ〕250g、ショーラー・ナマカ〔硝酸塩〕250g、ヒコーリーリー〔ユリ科ユリ属〕を1オンス、綺麗な水1リットル。

最初にムラハティー〔マメ科カンゾウ〕を2日間水に浸けてふやかせておきます。3日目にムラハティー〔マメ科カンゾウ〕をよく揉んで濾してから水は別にとっておきます。次にゴマ油をメッキしてある鍋に入れ、そこに上記の材料全てと、ムラハティー〔マメ科カンゾウ〕の水を加えて、弱火でゆっくり加熱します。加熱を続け水分が飛んで、油分の量だけ残ったら、火からおろしてヒコーリーリー〔ユリ科ユリ属〕を加え、2日間そのままにしておきます。途中1日に2、3回かき混ぜて、3日目に濾して、ガラス容器に移しましょう。

このオイルは毛根を頑丈にし、髪をシルクのように柔らかくします。他にも記憶力を上げ、脳をリフレッシュする効果もあります。

『ダナ・カマーネー・キ・クンジー』

●アーマラカ・カ・アチャール〔アムラの漬物〕

アムラのアチャール〔インド風の漬け物〕は、食欲を増し、美味しく、さらに消化を助ける働きもします。大きなサイズの新鮮なアムラ半ば溶けた状態になるまで煮て、その後湯を切って冷まし、核果を取り出します。それから陶器の器に移し、下記のものを加えてよくかき混ぜます。

塩〔アムラの量の〕11分の1

赤唐辛子粉末〔アムラの量の〕6分の1

ハルディー〔ショウガ科ウコン〕粉末、メーティー〔マメ科フェヌグリーク、コロハ〕、ラーイー〔アブラナ科カラシナ〕、ジーラー〔セリ科クミン〕をそれぞれアムラの量の48分の1。

スダー・ドヴィヴェーディー女史『ダンヴァンタリ』1965年4月号

●ジュヴァーリシュ・アームラー

加熱して核果を取り除いたアムラ180gを、500gのローズウォーター、ベーダムシュカ〔ヤナギ科サルヤナギからとれるエッセンス〕500gの中に浸けておき、朝方強火で一気に煮立たせます。それから布で濾して、氷砂糖を500g、純粋な蜂蜜180gを加え、次にキワーム、さらに真珠24g、白チャンダナ〔白檀〕、繭の欠片、バラの蕾、ガーヴァジャヴァーン〔ムラサキ科アルネビアベンザミイ〕の花、イラーヤチー〔ショウガ科ショウズク、カルダモン〕の粒、それぞれ12g、アンバル〔竜涎香〕3g、金箔9g、銀箔3g、ダーラチーニー〔クスノキ科セイロンニッケイ、シナモン〕それぞれ12gをすり潰してふるってから混ぜ、煎液と一緒に捏ねると「マージューン」(練り薬)が出来上がります。

・一回の服用量

1g

・効能

アグニ過多で消化の火が強すぎ、カッとしやすい方に最適です。

●ノーシャダールエー・サーダー

1kgの乾燥アムラを2・5kgの牛乳に24時間浸してから、よく揉んで布を使って圧力をかけて汁を搾り出します。その中に砂糖と蜂蜜を0・5kgずつ、グラーバ〔バラ〕の花、ナーガラモーター〔カヤツリグサ科ハマスゲ〕、ルーミーマスタンギー〔ウルシ科ピスタチオ〕、ラヴァンガ〔丁子、クローブ〕、イラーヤチー〔ショウガ科ショウズク、カルダモン〕の粒、ジャターマーンシィ〔オミナエシ科、甘松香〕と好みの香りを各12gずつ極めて細かくすりつぶしてから加え、メッキした器で少しの間沸騰させてから、陶器の容器に移して密閉し、そのまま7日間寝かせたら、濃厚で美味しい飲み物の出来上がりです。6gから12gを一回の分量として飲みます。飲んだ直後には250gの牛乳を飲みましょう。胃に力を与え、身体の皮膚の色を良くし、統合失調症を治します。さらに強壮作用もあります。

●ダートリャーディ・プラレーパ〔塗布薬〕

アムラ、ラーラ〔フタバガキ科サラソウジュ〕、ヤヴァクシャーラ〔大麦灰化ろ過成分〕の粉末をカーンジー〔酸味粥〕と一緒にすりつぶして皮膚に塗ります。

痛みや痒みが無く、外見が赤か白で内部がつるつるしているタイプの皮膚病を治します。

『シャーランガダラ・サンヒター』

●ダートリャーディ・プラレーパ

アムラ、カセールー〔カヤツリグサ科エゾアブラガヤ〕、ネートラバラー〔アオイ科パヴォニア〕、カマラ〔スイレン科ハス〕、パドマーカ〔バラ科ヒマラヤザクラ〕、ラクタチャンダナ〔マメ科コーキ〕、ドゥールヴァー〔イネ科ギョウギシバ〕、カサ〔イネ科ベチバー〕、ナラサラ〔イネ科セイタカヨシ〕の根の塗り薬は、ピッタ由来の頭痛、頸より上部からの出血性疾患の治療にもっとも有効です。

『シャーランガダラ・サンヒター』

●アーマラカ・ラサーンジャナ・マドゥヨーガ

160gのアムラを1280gの水を入れた素焼きの器で煮て下さい。水の量が4分の1になったら濾して、素焼きの壺に移して下さい。その中にラサーンジャナ〔メギ科メギ属から製造した眼膏薬〕とギーを20g混ぜて再度煮ます。煮詰まったら火を止め、冷めたら今度は蜂蜜を加えます。ヴァータ起因、ピッタ起因の眼病に効果があります。〔眼瞼の縁に塗って使います。〕

●ネートラ・ローガハラ・ヴァルティ

アムラの種を1、バヘーラー〔シクンシ科セイタカミロバラン〕の種を2、大きいハリータキー〔シクンシ科ミロバランノキ〕の種を3の割合で水と一緒にすりつぶして、棒状の形にします。結膜炎の患者には、これを水の中で擦ったものを点眼して下さい。特別に効果があります。

『チャクラダッタ』

●アーマラキー・ラサーンジャナ

アムラの葉と果実を茹でて煎薬を作り、煎液を煮詰めて濃縮して下さい。この方法で製造した眼膏薬はクリンナ・ヴァルトゥマ〔常時涙液で眼瞼がくっつき、瞼が痒い眼病〕に対して眼瞼の縁に塗って使います。

●ダートリー・ラサクリヤー

同量のアムラ、サインダヴァ・ナマカ〔岩塩〕、ピッパリー〔コショウ科ヒハツ〕に、黒胡椒と蜂蜜を僅かに加えるこの薬剤は、白内障と緑内障を治します。

『チャラカ・サンヒター』

●アーマラカ・ウドヴァルタナ

アムラの果実の粉末を作りペーストにし、それを頭や体に丁寧に塗りマッサージしたのち入浴します。数日で視力が上がります。

アムラの果実の粗い粉末でペーストを作り、頭や体によく塗りつけ、洗い流すと、その後数日間で視力に力がついてきます。

『ヴァンガセーナ・サンヒター』

V

病気や体質に有効な使い方

この章では、さまざまな病気や体質改善に有効なアムラの使い方をご紹介します。

●マラリア治療に有効で安価な錠剤

カランジャ〔マメ科クロヨナ〕の葉10g、乾燥アムラ20g、サインダヴァ・ナマカ〔岩塩〕20g

・作り方

アムラを叩き潰して布でこす作業を繰り返して細かい粉末を作ります。カランジャ〔マメ科クロヨナ〕の果実とサインダヴァ・ナマカ〔岩塩〕を石板の上でごく細かくすりつぶしペーストにし、そこにアムラの粉末を混ぜ、ジャラベーラ〔クロウメモドキ科イヌナツメ〕と同じくらいの大きさの玉にして丸薬を作ります。

・用法

朝に丸薬1個、熱発作の起きる3時間前に1個、2時間前に一個、必ずお湯で服用します。子どもには状態に応じて分量を減らして与えて下さい。

・効能

マラリアに罹ると熱発作とともに嘔吐と下痢の症状もあらわれますが、この丸薬を服用すると発熱が止まります。少し熱が出たとしても、嘔吐と下痢などの合併症は止まります。

・特記

ダンヴァンタリ事務所の運営する慈善診療所では、マラリアが流行するとこの丸薬を大量に用意し無料で配布します。安価であるだけでなく効果も確かです。慈善事業の診療所や施薬院では、是非この丸薬を住民への奉仕に役立ててもらいたいものです。

故デーヴィーシャラナ・ガルガ氏『ダンヴァンタリ』1952年3月号

●皮膚病治療で効果が証明された使用法

トリパラー〔三果薬〕と同量の混じりけのない蜂蜜を乳鉢にいれて10万回叩いてから、3gの小さな丸薬を作ります。服用は朝晩2回、新鮮な水と一緒に飲み込んで下さい。

・病人食

小麦、ひよこ豆のチャパーティー、ギーにサインダヴァ・ナマカ〔岩塩〕をふりかけて食べます。

・効果

白斑、白癬、田虫、ハンセン病、水虫、皮膚病、これら全ての病気に効果があります。実際の体験談です。

パンディット・プラカーシャチャンダ・ヴァイディヤ・トーラハ氏『ダンヴァンタリ』1949年3月号

●アーローギャプラダ・ヨーガ

「体が健康だからといって、それで喜びに満ちているとは限らない。私はこれまで自身の診察室でこのような患者さんをたくさん見てきました。せっかく強靭な身体を持っているのに元気が少ないように見える、そんな患者さんたちにいろいろ試した結果、次の方法がもっとも効果をあげました。

・カパ体質の人

アムラを1、黒ゴマを1、ブリンガラージャ〔キク科タカサブロウ〕を2の割合で混合し粉末を作り、冷たい水と一緒に1回3gで毎朝の服用を1年間続けて下さい。白髪も病気もなく100歳まで生きるでしょう。

・ピッタ体質の人

アムラ粉末、ゴマの粉末、ハリータキー〔シクンシ科ミロバランノキ〕の粉末を全て同量を混合して、1回3gを水と一緒に服用します。この3つの処方はたくさんの患者さんに幾度となく使用してきましたが、確実にいずれの方も健康で長生きされています。」

ラサーヤナーチャーリヤ・カヴィ・シュリー・プラタープスィンハ氏

●アーンヴァレー・ケ・ウトセーチタ・ペーヤ〔飲み物〕

2000個の新鮮なアムラを石板と木の棒で押し潰して果汁を搾り出し、その中にピッパリー〔コショウ科ヒハツ〕粉末160g、粗糖を5kg加え少しだけ沸騰させます。粗糖が溶けたら火を止め、冷めた後にアムラ果汁の8分の1の量の蜂蜜を加え、ギーを内側の表面に塗った素焼きの容器に移して下さい。時間が経つと沈澱するので、上澄みをすくって濾してから飲みましょう。

12から25gの服用で、貧血性黄疸、黄疸、心疾患、咳、しゃっくり、慢性化したマラリア、その他様々な病気の患者さんに使用することが可能です。

アーユルヴェーダーランカーラ・ラーメーシャヴェーディー氏

●シュヴァーサハラ・アヴァレーハ

乾燥アムラを50gを、鉄鍋に入れた250gの山羊の乳に一晩浸けておきます。朝、その乳を沸騰させてかき回し、ゆっくりと目の粗い布で濾してからアムラをギーで炒めます。350gの氷砂糖のシロップで舐め薬を作ったら、以下のものを粉末にしてから加えます。ムラハティー〔マメ科カンゾウ〕〔布でふるいにかけたもの〕、ヴァンシャローチャナ〔竹密、竹からとれるシリカ・ポタシアム〕、ルーミーマスタンギー〔ウルシ科ピスタチオ〕、グドゥーチー〔ツヅラフジ科イボナシツヅラフジ〕、カルダモン（小）、プラヴァーラ・バスマ（珊瑚の灰化成分）、ムクターシュクティー・バスマ（真珠貝の灰）各6gずつ。

・服用する時間

朝晩1日2回

・使用量

6gから12g

・賦形

山羊の乳

ヴィディヤーブーシャナ・ヴァィディヤ氏『ダヌヴァ・グプタシッダ・プラヨーガーンカ』第四部

「私はこの処方を咳嗽《がいそう》の患者の治療に使用しましたが、とても有効な結果を証明しました。服用後患者はすぐに痰を吐き出し咳がおさまりました。しかし喘息の患者には全く効果がありませんでした。私の使用方法が間違っていた可能性があります。」

アーユルヴェーダ医師ウマーダッタ・シャルマー氏

「助手のチャンドラバーナ氏にこの舐め薬を作らせ、アバヤスィンハ氏に服用してもらったところ、確かな効果が見られました。

乾燥アムラ12gを夜寝る前に水に浸けておきます。翌朝ソーンタ〔干し生姜〕３g、ジーラカ〔セリ科クミン〕１gをアムラに加えてごく細かくなるまですりつぶし、１２５gの牛乳に溶かして飲ませました。この方法では数日後に症状が消えました。これは過酸症にはとても有効な薬です。」

アーユルヴェーダ医師ローシャナ・ラーラ・スィンハ氏１９８３年２月

乾燥したアムラ２kgを一晩水に浸してから翌朝すりつぶし、砂糖で作った６kgのシロップに加えて、そこにヴァンシャローチャナ〔竹密、竹からとれるシリカ・ポタシアム〕36g、エーラー〔ショウガ科ショウズク、カルダモン〕12g、ピーパラ〔コショウ科ヒハツ〕12g、ダーラチーニー〔クスノキ科セイロンニッケイ、シナモン〕12g、サーラマミシュリー〔ラン科オルキス属の植物の球根、サレップ〕12g、ソーンタ〔干し生姜〕24gを極めて細かくひいた粉末を加えます。これを服用するとプルシャールタ〔人生の四大目標〕への意欲が増してきます。

・使用量

10g〜12g

・賦形剤

牛乳

『スヴァースティヤ・ボーダームリタ』

夏にはマンゴーなどの果物が多くなりますが、それらの果物を食べることで私たちの身体にはピッタが多く流れだし痒みが出てきます。この薬はそのためのものです。60gのアムラを容器の中で洗って浸けておきます。柔らかくなったら平らな石の上で手で叩いて核果、繊維質を取り除いて果汁をとりのぞきます。それから12gのスハーガー（ホウシャ）を熱い鉄板の上で数秒炒り、すりつぶし、果汁に混ぜてからペーストにし身体に塗りつけてマッサージし、その後入浴して下さい。2〜4日間、マッサージと入浴を行うとピッタが原因の熱が鎮まります。

スワーミー・パラマーナンダ氏

牛乳から作ったマッカン（バター）を弱火で熱し泡が出てきた頃合いで乾燥アムラの粉末を25ｇ加えて下さい。熱が少し通ったらヴァタ〔クワ科ベンガルボダイジュ〕の柔らかい葉をすりつぶしたもの２５０ｇをくわえてかき混ぜます。全体がしっかり加熱されたら鍋から移し、24時間置いてから緑色のニーム〔センダン科インドセンダン〕の枝を使ってしっかりすり潰して下さい。これを毎日９～12ｇ摂ると痛みは消え出血が止まり、痔が削り落ちます。

・病中の食事

牛乳とご飯のみ

『ジャンガル・キ・ジャリーブーティー』

アムラ粉末1ｇ、マドゥルクシャーラ〔重曹〕50㎎にシャタプシュパー〔セリ科イノンド〕のエッセンス〔抽出液〕を僅かに加えたものを、１日に３～４回服用させると五十肩の症状が無くなります。

ラナヴィール・シンハ・シャーストリー医師
『ダンヴァンタリ・サファラ・シッディ・ウパヨーガーンカ』

アムラの粉末、アシュヴァガンダー〔ナス科セキドメホウズキ〕粉末、ウラド〔マメ科ケツルアズキ〕の粉末、ヴィダーリーカンダ〔マメ科クズ属〕の粉末をそれぞれ同じ分量で微細な粉末にして下さい。朝晩４ｇずつ冷たい水で飲むと、頻尿を改善します。

故・デーヴィーシャラナ・ガルガ氏

アムラ果汁50㎖、氷砂糖10g、250㎎のチャンダナ〔白檀〕のオイルを混ぜ、朝晩飲みます。また
アムラを水に浸けて細かくすりつぶし、それを手の掌や足の裏、臍部に塗ります。1週間続けることで
熱や、ルー〔熱風〕に当たって崩してしまった体調の改善に驚くべき効果があります。

アーユルヴェーダ医師レーカラージャ・シャルマー氏
『ラージャプーターナー・プラーンティーヤ・ヴァイディヤ・サンメーラン・パットリカー』
〔アーユルヴェーダ医師連盟会誌〕1949年3月号

糖尿病の患者には次の方法でアムラを使用すべきです。

アムラの汁、ジャームナ〔フトモモ科ムラサキフトモモ〕の汁を50gずつ、グルマール・ブーティー〔キョウチクトウ科ホウライアオカズラ〕の汁を40g、これらをの汁を混ぜて1回分として用意しておきます。この分量を服用することで糖尿病が治ります。また蜂蜜を混ぜたアムラの汁も糖尿病治療、糖尿病を原因とする口渇の改善に効果があるとされています。とこのようにアーユルヴェーダの文献に記されています。

アーユルヴェーダ医O・P・ヴァルマー氏『サチットラ・アーユルヴェーダ』1985年6月号

アムラ粉末25g、牛乳125g、水750gを混合し弱火で煮ます。沸騰させて残りが牛乳の分量だ

けになったら、濾してグリタ（ギー）を6g混ぜます。朝晩摂取することで止まらない勢いの乾いた咳を素早く鎮め、咳による出血も止まります。

サティヤナーラーヤナ・カレー医師『サチットラ・アーユルヴェーダ』１９６2年4月号

●ダートゥスラーヴァ・ナーシャカ・オウシャディ〔早漏抑制剤〕

アムラ果汁を1、アムラ粉末を1、蜂蜜を1、ギーを2分の1、氷砂糖を2分の1。

・作り方

アムラを潰して果汁をとると同時に果肉で粉末を作ります。アムラ粉末と果汁を上記のギーで炒めます。その後、氷砂糖でシロップを作ります。そのシロップの中に蜂蜜と炒めたアムラを入れてよくかき混ぜ軽く加熱します。濃くなったらガラスの器に移しましょう。

・使用法

朝晩2回、12gずつしぼりたての牛乳と一緒に服用します。

医師ラーマゴーパーラ・グプタ氏『サチットラ・アーユルヴェーダ』１９５7年2月号

●ヴァータジャ・カーサハラ〔ヴァータ性鎮咳薬〕

アムラ粉末12g、牛乳１２５g、水３６５gを弱火で煮ます。沸騰させて残りが牛乳分だけになったら濾して、牛のギーを７５０mg加えたものを、朝晩服用すると勢いがあり止まらないヴァータ由来の咳を素早く抑え、咳と一緒に出る出血も止めます。

サティヤナーラーヤナ・カレー医師『サチットラ・アーユルヴェーダ』1962年4月

●ダウルバルヤ・ハラ・パーヴァカ

核果を取り除いた緑色のアムラ20g、種無しのドラークシャ〔ぶどう〕10g、エーラー〔ショウガ科ショウズク、カルダモン〕の種5g、これらいずれもすりつぶして、35gのゴーグリタ〔牛のギー〕で炒め、氷砂糖を加えてハルヴァー〔ペースト状の甘いお菓子〕を作り、それを数日間、朝服用することで衰弱を取り除き身体に滋養をつけます。衰弱による発汗の激しい人には特に有効な薬剤です。

アーユルヴェーダ医師ラグナータ・プラサーダ・パーリーカ氏

新鮮なアムラを陰干してから微細粉末にし、そこに新鮮なアムラの果汁を振りかけ擦り込む作業を21回行い乾燥させます。このアムラの粉末30に対して、カーンタロウハ・バスマ〔スチールの灰化成分〕、マーンドゥーラ・バスマ〔くず鉄灰化成分〕、スヴァルナマークシカ・バスマ〔黄鉄鉱灰化成分〕、アブラカ・バスマ〔雲母灰化成分〕、プラヴァーラ・バスマ〔サンゴ灰化成分〕を全て3で擦り合わせておきます。子どもに125mgから250mgを蜂蜜と一緒に摂取させることで、壊血病の治療に効果があります。

パンディット・ラーマスヴァルーパ・ヴァイディヤ『ダンヴァンタリ・シシュローガーンカ』

●バーラショーシャ・アヴァレーハ〔衰弱児用なめ剤〕

アムラ400g、上質の蜂蜜400g、雌牛のグリタ100g、ピーパラ〔コショウ科ヒハツ〕（小）6g、ダーラチーニー〔クスノキ科セイロンニッケイ、シナモン〕6g、カーカーラースィンギー〔ウルシ科ハゼ、角様袋〕、ゴージッヴァー〔キク科イガコウゾリナ〕、グドゥーチー〔ツヅラフジ科イボナシツヅラフジ〕、グラバナパサー〔スミレ科ニオイスミレ〕、ターリーサパトラ〔イチイ科〕の葉、エーラー〔ショウガ科ショウズク、カルダモン〕の実、ヴァンシャローチャナ〔竹密、竹からとれるシリカ・ポタシアム〕、皮をむいたムラハティー〔マメ科カンゾウ〕、バヘーラー〔シクンシ科セイタカミロバラン〕を各10g。

・作り方

アムラをお湯で煮て、種や繊維を取り除き、石板ですりつぶしてからグリタで炒めて下さい。そしてアムラを煮たお湯でシロップを作ります。その他の全ての材料は布でふるいにかけて細かい粉末にしてから、炒めたアムラとハチミツを混ぜたものに加えます。

・使用法

1回6gから20gを、雌牛のしぼりたての牛乳か、一度温めて冷ました雌牛の牛乳と一緒に、朝晩服用します。

・効能

子どもの衰弱、虚弱体質の改善にもっとも良い薬剤です。子どもが痩せて骨と皮ばかりになっている時には、この薬剤を使用すると虚弱は解消されます。他に子どもの発咳、発熱後の体力低下などにも効果があります。

パンディット・ギリジャーダッタ・パータカ氏『ダンヴァンタリ・アヌブータ・ヨーガーンカ』

●ヴィシシュタ・アーマラキャーディ・チュールナ〔アムラなどの特殊散剤〕

アムラを2、ピーパラ〔コショウ科ヒハツ〕を2、ソウンパ〔セリ科フェンネル〕を1、アサガンダ〔ナス科セキトメホウズキ〕を1、シータラチーニー〔コショウ科ヒッチョウカ〕を1、氷砂糖を5の割合の量を用意し、全てを叩き潰して布でふるいにかけ細かい粉末にします。その粉末2・0gを食後に冷たい水と一緒に飲みましょう。過酸症に有効です。

ドラヴィイェーシュヴァラ・ジャー氏『ダンヴァンタリ』（1973年11月号）

●パラーヴァレーハ

アムラの果肉を500g、りんごの果肉を500g、ダーディマ〔ザクロ科ザクロ〕の砂糖を加えたシロップ500g、ターラマカーナー〔キツネノマゴ科オギノツメ〕の種、ソーンタ〔干し生姜〕、シャターヴァラ〔ユリ科クサスギカズラ属、アスパラガス〕、サフェード・ムーサリー〔ユリ科アスパラガス属〕、コウンチャ〔マメ科ハッショウマメ〕の種、ムラハティー〔マメ科カンゾウ〕、バラー〔アオイ科アルバキンゴジカ〕の種（あるいはビージャバンダ〔タデ科ミチヤナギ〕）を各12g、ダーラチーニー〔クスノキ科セイロンニッケイ、シナモン〕3g、白エーラー〔ショウガ科ショウズク、カルダモン〕の粒6g、グラカンダ〔グルカンド：新鮮なばらの花びらと砂糖で作られるユナニ医学の薬、ジャム〕２４０g、ムナッカー〔種なし干しぶどう〕60g。

・作り方

アムラ、りんごのムラッバー〔インド風ジャム〕とムナッカー〔種なし干しぶどう〕、グラカンダを石板か乳鉢ですりつぶしてから、その中に他の全ての材料の（細かく叩き潰す、またはすりつぶして布でふるいにかけた）細かい粉末を加えて、さらに砂糖を加えたダーディマ〔ザクロ科ザクロ〕のジュースも入れてよくすりつぶします。

・使用量

1回に25g。

・賦形剤

牛乳

・効能

温薬力の熱と不安定性を解消し体を丈夫にします。弱い性質の方には夏に摂取すると一番効果があります。

アーユルヴェーダ医師ラージェーシュヴァラダッタ・シャーストリー氏（チキッツアーダルシャ）

●ラクタ・ピッタハラ・アヴァレーハ〔悪化した血液、ピッタ抑制なめ剤〕

アムラの果肉、大きいハララ〔シクンシ科ミロバランノキ〕の果肉、りんごのムラッバー〔インド風ジャム〕、グラカンダ〔新鮮なバラの花びらと砂糖で作られるユナニ医学の薬、ジャム〕を200gずつ、ヴァンシャローチャナ〔竹密、竹からとれるシリカ・ポタシアム成分〕、イラーヤチー〔ショウガ科ショウズク、カルダモン〕の実、ムラハティー〔マメ科カンゾウ〕の根のサットヴァ〔水溶性の抽出物〕を10gずつ、真珠の粉末6g、金箔25枚、銀箔10枚、ピタカリー〔ミョウバン〕を熱い鉄板の上で数秒炒ったものを6g、蜂蜜400g。

・作り方

準備した上記の材料を叩いて潰して布でふるいにかけて細かい粉末にし、アムラは石板と石の擂粉木ですりつぶし粉末と混ぜます。そこに真珠の粉末と銀箔、金箔、蜂蜜を加えて出来上がりです。

・使用量

朝晩2回、6gずつ舐めて摂取します。

・効能

出血性の疾患、ピッタ由来の疾患にとても有効です。また肺病と、特に肺病を原因とする血痰を抑えます。

パンディット・ラーメーシュヴァラプラサーダ氏『プラヨーガ・マニマーラー』

●心臓病に対しての使用法

ムクターピシュティー〔真珠を摩擦攪拌してできる粉末〕、アブラカ・バスマ〔雲母灰化成分〕を25gずつ（100包み）、スヴァルナ・バスマ〔金の灰〕500mg、ラサシンドゥーラ〔丹砂（HgS）の灰化成分〕25g、カストゥーリー〔ジャコウ鹿分泌物、芳香物〕1g、アムラ粉末20g。

上記の材料をまとめて、カーディル〔マメ科アセンヤクノキ〕の樹皮の煎液に12時間、次にヴァチャ〔サトイモ科ショウブ〕の煎液に12時間、最後にレモンの汁を加えながら12時間浸してすりつぶしたものを、1回の分量250mgから500mgの間で蜂蜜と混ぜて摂取すると、心疾患が除去され新しい命を手に入れることが出来ます。

心臓から出る動脈で増加したカパとピッタが血管を閉鎖し、もう一つのドーシャであるヴァータを増悪させる。悪化したヴァーユは管をつまらせ、栄養が不足した状態の時に心臓に痛みが起こります。

心臓は「オージャスの在る所」「生命の宿る所」「気息器官」、「体液を運ぶ管」の根本なので、ただヴァーユのバランスのみで独立して問題が起きているわけではありません。

ですから、病気そのものと反対の働きをする薬の服用だけでは、恒久的で完全な解決を得ることはできないのです。「ウパシャヤとアヌパシャヤ〔治療の効果の有無をよく観察する治療〕」に熟慮しつつ、「ヘートゥとヴァーディ〔原因と病〕」の双方に対して両者と反対の働きをする治療こそより優れています。

故に、心臓病の治療には以下の方法を用います。

1．カパとピッタによって生じた管の閉鎖を解消する。

2．増悪したヴァーユを鎮める。

3．心臓に力を与える。

もちろん心臓は発汗機能のない身体器官ですが、管の閉鎖の除去には発汗がもっとも良い処置ですので、必要な時にはアラスィー〔アマ科アマ〕、ハリドラー〔ショウガ科ウコン〕などの湿布を使用します。その後、前述の薬剤も服用して下さい。非常に効果があります。

アーユルヴェーダ医師ゴーピーナータ・パーリーカ（ゴーペーシャ）
『スヴァスティヤ・アヌヴァヴァーカ』（1979年）

●柔らかくて輝きのある肌、光沢に満ちた顔を作る石けん「チャンドラカーンタ」

乾燥アムラを31・25g、エーラー〔ショウガ科ショウズク、カルダモン〕、アガラ〔ジンチョウゲ科ジンコウ〕、タガラ〔オミナエシ科カノコソウ属〕、カプーラカチャリー〔ショウガ科サンナ〕、ジャーヤパラ〔トウダイグサ科ハズ〕、ジャヴィトリー〔ニクズク科ニクズク（ナツメグ）〕、バーラチャンダ〔オミナエシ科カンンショウ〕、パーナリー〔芳香をもつ植物〕、チャンダナ〔白檀〕の粉末、ナーランギー〔ミカン科ヘソミカン〕の乾燥させた皮、ムーリー〔アブラナ科ダイコン〕の種、カプーラ〔クスノキからとった樟脳〕を3・12gを全て潰して4分の1の水に夜浸けておきます。朝、ゆすって軽く沸騰させてから揉んで、その後布で濾して下さい。ここで重さを測ります。もし125g以上あれば少し水を捨て、125gより少なければ冷たい水を追加して混ぜて下さい。水の量が125gちょうどになるように正確に計って下さい。それから陶器か素焼きの器に移し、98度の苛性ソーダ62・5gを混ぜ、木か石の杵を使ってしっかり念入りにすりつぶして下さい。出来上がったら安全なところに置いておきましょう。夕方4時か5時に白いごま油を布で濾して、素焼きの器の口が広く深さがある容器か、メッキされた鍋に入れ、そこに先ほど苛性ソーダを混ぜた水を濾しながら入れ、木槌でつぶして下さい。つぶし続けるうちに、コンデンスミルクのように濃くなったら、その中にエーラー〔ショウガ科ショウズク、カルダモン〕、サンタラー〔ミカン科マンダリンオレンジ〕の果汁を3~12g、香り付けを入れ、簡単に取り外せる木の枠のついた木製の四角の平たい箱に入れ、固まるまで覆いを被せて安全な所におきます。

翌朝、四方の枠を取り外し、固まった石けんを取り出し、糸を使って切り分けて出来上がりです。

出来上がった石けんは顔や手、もちろん入浴時にも使って下さい。

もしその石けんを販売するのであれば、型にはめて形を揃えたものを作って販売して下さい。

この石けんは究極的に心地よい香りを生み出し、また洗顔に使うと吹き出物やニキビ、しみ、色むらが無くなり、純金のような輝きが生まれます。身体に塗ってから入浴すると、潰した吹き出物、痒みなどの肌に関するトラブルが解消されます。毎日塗って入浴を続けると肌が日に日に生まれ変わり柔らかさとツヤが生まれて来ます。そして何よりこの石けんの優れている点は、髪を洗ってもギスギスして潤いがなくなることが無く、むしろシルクのように柔らかく清潔でツヤのある髪になる点です。

『トゥルシー・アヌバヴァ・サーラ』

ヤシャダ・バスマを1トーラー（約12g）、アムラ粉末を5トーラー（約60g）、氷砂糖を5トーラー（約60g）。

・作り方

3つの材料を混ぜてガラスの容器に入れておきます。毎日1トーラー（約12g）ずつ搾りたての牛乳かガンガージャラ（ガンジス川の水）、あるいは新鮮な井戸水と一緒に服用して下さい。

・効果

視力が落ちることが無くなります。また頭頂から足までどの部位でも熱を持つをことがあってもそれを鎮めます。何故それを鎮めないことがあろうか、必ず鎮静します。

鉱物薬学科教師パンディット・シュャーマスンダラーチャールヤ氏

●ピッタ・プラティカーラ・オウシャディ〔ピッタ抑制剤〕

ピッタの異常な増大による発熱の時は、完熟のアムラ（核果、種を取り除いてあるもの）384gを牛乳と共にすりつぶし、384gのグリタで炒め、384トーラー（4608g）の氷砂糖のシロップに混ぜます。さらにアドゥーサー〔キツネノマゴ科アダトウダ〕の根の皮96g、ジーラー〔セリ科クミン〕、カーリーミルチャ〔コショウ〕、ピーパラ〔コショウ科ヒハツ〕、ダーラチーニー〔クスノキ科セイロンニッケイ、シナモン〕、イラーヤチー〔ショウガ科ショウズク、カルダモン〕、テージャパータ〔クスノキ科タマラニッケイ〕、ナーガケーサラ〔オトギリソウ科セイロンテツボク〕、全て細かい粉末を各6gをシロップに混ぜて安全な場所に保管しておきましょう。発熱時には適量を飲めば、急激な熱でも鎮まります。他の様々な原因による発熱にも、効果があります。

アーチャールヤ・クリシュナプラサーダ・トリヴェーディー氏
『ダンヴァンタリ・ヴァナウシャディ・ヴィシェーシャンカ』

●アーマラキャーディ・ヨーガ

アムラ、ダニヤー〔セリ科コリアンダー〕、ソウンパ〔セリ科フェンネル〕、ベーラギリー〔ミカン科ベルノキの果肉を取り出したもの〕、カーシャニー〔キク科キクニガナ〕のタネ、イーサバゴーラ〔オオバコ科〕をそれぞれ1の割合、バラの花、エーラー（小）〔ショウガ科ショウズク、カルダモン〕、ゴーンダ・カティーラー〔ワタモドキ科キバナワタモドキの樹脂〕、ゴーンダ・バブーラ〔マメ科アラビアゴムモドキの樹脂〕、リソーラー〔ムラサキ科スズメノイヌヂシャ〕、ビーヒーダーナー〔バラ科マルメロセイヨウカリン〕をそれぞれ2分の1の割合、さらに氷砂糖を5の割合の両方。この割合を守って粉末にして下さい。

・使用量

3～6g。

消化不良を伴う下痢、また血の混じった下痢にも有効です。

カヴィラージャ・ケーシャヴァデーヴァ・シャーストリー氏
『アーユルヴェーダ・ヴィカーサ』（1971年10月号）

若年白髪を予防する、サードゥー〔修行者〕が伝えた良い方法があります。

黒ごま〔粒のまま〕、乾燥させて挽いたブリンガラージャ〔キク科タカサブロウ〕、乾燥させて挽いたアムラ、砂糖か挽いた氷砂糖各３００gを混ぜておいて、毎日10gを口に入れて牛乳を飲む、これを毎日続けます。薬が全て無くなる頃には、白髪がそれまでの黒髪と同じような色になります。６ケ月くらいで黒くなる人もいます。もし粉薬が無くなる前に何日間か休んでしまったら、再開した日からまた6ケ月服用を続けましょう。効果が実証されている使用法です。

医師アーチャールヤ・ラグヴィーラプラサーダ・トリヴェーディー氏

『老人の病気及び老齢期の抑制薬』

アムラ果汁1kg、油1kg、マドゥヤシュティ〔マメ科カンゾウ〕２５０gを弱火で一緒に加熱します。全てに火が通り油の量だけになったら出来上がりです。髪染めのように髪に塗ると数日間で白髪が黒くなります。

ガンガープラサーダ・ガウラ・ナーハラ氏『ダンヴァンタリ』（１９７５年8月）

アムラ果汁、海藻〔藻〕の汁、ブリンガラージャ〔キク科タカサブロウ〕の汁を各4kg、純粋なごま油3kgをメッキしてある大きな鍋に入れます。それからバーラチャル〔ウメノキゴケ科ウメノキゴケ属〕、イラーヤチー〔ショウガ科ショウズク、カルダモン〕、カプーラカチャリー〔ショウガ科サンナ〕、ラヴァンガ〔丁子、クローブ〕、ダーラチーニー〔クスノキ科セイロンニッケイ、シナモン〕、テージャパータ〔クスノキ科タマラニッケイ〕を12gずつ、白チャンダナ〔白檀〕粉末、カサ〔イネ科ベチバー〕と薔薇120gずつを水と一緒にすりつぶし、鍋の中に入れます。次にその鍋とは別に、ナーガラモーター〔カヤツリグサ科ハマスゲ〕、ムラハティー〔マメ科カンゾウ〕、カマラ〔スイレン科ハス〕の花、グドゥーチー〔ツヅラフジ科イボナシツヅラフジ〕、マンジシュタ、コウンチャの根、そしてトリパラー〔三果薬：アムラ、ハリータキー〔シクンシ科ミロバランノキ〕、ビビータキー〔シクンシ科セイタカミロバラン〕の三果〕、これら全ての材料各24gずつを粗挽きして8㎏の水で煮て、その水が4分の1の量になるまで煎じ出し、濾してから先程の鍋に加えて弱火で加熱します。鍋の中身の量が元のごま油の量になったら、火を止めて濾して下さい。

次にベンゾールを加えたら一昼夜置いておきましょう。その後、ルーハグラーバ〔バラのエッセンス〕、ルーハケーヴァラ〔タコノキ科タコノキ属のエッセンス〕、モウラスィリー〔アカテツ科ミサキノハナ〕を6gずつ、プディーナー〔シソ科ハッカ〕、カサ〔イネ科ベチバー〕のエッセンス、ダヴァナマスタ〔イランイラン〕12gずつを加えてしっかりと混ぜて、ボトルに移してしっかり栓を閉めて下さい。

このオイルを塗ることで髪は究極的に柔らかくなります。そして1日塗っただけでそのほのかな香りは数日間持続します。日常的に使用すると髪の量が増えていき、白髪も無くなります。またあらゆる種類の頭痛、髪のトラブル、さらに失神、めまいなど弱ってしまった脳からくる各症状には、他の薬剤と比べることのできない効果をあらわします。

故ダルジート・シンハ氏

●テイラ・キ・アティヤンタ・サララ・ヴィディ〔油剤のもっとも簡単な使い方〕

アムラ果汁1kgと、同じ量のナーリヤラ〔ココヤシ〕のオイルを一緒に弱火で煮て下さい。水分が蒸発して残りがオイルの量だけになったら火を止めて、そこに香りの良い乾燥したパーナリー〔芳香をもつ植物〕を混ぜます。2日後に濾して出来上がりです。脳を冷たくする他、髪を黒くし保護する働きがあります。

『ヴァナウシャディ・ヴィシェーシャンカ』

アムラ果汁4kg、ごま油1kgを弱火で加熱し精製します。これを濾してから好みの香りをつけます。このオイルを毎日頭に塗ることが出来ます。頭痛や頭部の熱に効果的です。

ラーメーシャ・ヴェーディー『アムラ』

●ケーシャ・カルパ〔頭髪用剤〕

石灰10gとアムラの粉末30gを鉄製の乳鉢に入れガラスの乳鉢で、水を加えながら材料に濃い黒色が出てくるまで擦り混ぜます。一晩置いた後、夜これを白髪に塗って上からエーランダ〔トウダイグサ科トウゴマ〕の葉を被せ、頭に布を巻きます。髪が黒くなります。

クリシュナラーマ・バット氏

乾燥アムラ250g、シカーカーイー〔マメ科アカシア属シカカイ〕100g、メインティー〔マメ科フェヌグリーク、コロハ〕の粒250g、アリータ〔ムクロジ科ムクロジ〕100gを叩き潰しておきます。夜間にスプーン2杯のこの粉末を水に浸けておき、朝10分間だけ沸騰させます。この水で髪を洗うと髪が長く伸びます。

アーユルヴェーダ医師チャンドラジーラーヴァ・インガレー氏

アーユルヴェーダ医師ゴーピーナータ・パーリーカ『ヴァノウシャディ・ラトナーカラ』第1巻

私たちは何を手に入れたか？　未来に何を譲り渡して行くか？

「両親から農地を譲り受けた時、その農地はどれだけ豊かでしたか。農地に何本の木がありましたか。灌漑で水はどれだけ得られていましたか。生物の多様性はどれ程ありましたか。私たちがこの遺産を次の世代に譲り渡す時、今言った点にどれだけプラス、マイナスがあるのか考えてみてください。もしマイナスならそれは今後の衰退を表しています。もしプラスなら今後の発展を表しています。衰退、発展どちらにしたいのか、全てはあなた次第です。」

ナーラーヤナ・ダーサ・プラジャーパティ

解説

H・S・シャルマ

著者のナラヤン・ダス・プラジャパティ氏、タルン・プラジャパティ氏親子による本書「AnwalA kRshlkaraN wa upayogI（アーンワラー　その栽培と使用）」の中で、私の師の師であるクリシュナラーム・バット氏、常に私を励まし続けてくれたカヴィラージ・プラタープ・シン氏、共同研究者のヴィシュワナート・ドゥヴィヴェーディー氏、そして多数の私の学生たちへの言及を目にし、また強い情熱をもった親愛なる森田要氏の励ましにより、私はこの解説を記そうと思います。

グジャラート州ジャムナガールのグジャラート・アーユルヴェーダ大学設立の礎となった独立した機能を持つ三つの機関のうちの一つが、「スナートコーッタラ・シクシャナ・ケンドラ（学士課程教育センター）」でした。１９５６年にインド政府により設立されたこの機関では、アーユルヴェーダの学士に2年間の教育を施し、試験に合格するとHPA（Highest Proficiency in Ayurved）の称号を授与していました。その創始期に、私は当時勤務していたラジャスターン州政府より2年の休暇をとり、ラジャスターン州ジョドプールから当地へ移り、１９５６年より学び、そして１９５８年からは先述のヴィシュヴァナート・ドゥヴィヴェディー氏と共に薬学を教える機会を得ました。

その学部では、20年間指導にあたりました。その間、植物由来の薬物に関してサンスクリット語、ヒンディー語、英語などの各言語で、当時得られた多くの文献からアムラやその他の植物一つ一つをメモの形にまとめ、それを学生たちに執筆させるプロジェクトを私は引き受けました。そこでは毎年20もの論文が執筆され、私の在任中に199の書物が作られました（それまでにこのような書物はなかったので、植物の主な名称とともにラテン語による学術名、学術的分類、あらゆる文献のなかで使用されている別名、語の起源について、それ以降、私の指導によって記載されるようになりました）。

それだけではなく、インド各地の諸言語、外国語での名称を、チャラカ、スシュルタ、ヴァーグバタ各医聖による分類、植物的な叙述、生産地、科学的な組織もまとめました。

さて、グジャラート・アーユルヴェーダ大学のB.S.A.M.（Bachelor of Shuddha Ayurvedic Medicine）試験初の合格者として金メダルと医学博士の称号を授与された大阪アーユルヴェーダ研究所のイナムラ・ヒロエ・シャルマ博士が編集された資料の中で、入手可能な出版物であるジャムナガールの論文より、アムラの別名についての例をあげます。

「ダートリータル」という語には、植物であるアムラの他に、バラニーナクシャトラ〔インド二十七宿の第二〕という意味もあります。

「シュリーパラ」という語にもアムラの他に、別の植物であるビルヴァ（ベルノキ）の果実の意味もあります。他にも各単語の持つ文法上の「人称」によって名称が増えることもあり、読者の皆様もきっと混乱してしまうでしょう。

アムラの名称には他にも、アムリタパラム、アムリタパラー、アーマラキー、アーマラカム、ダートウリカー、ダートゥリー、シュリーパラー、シュリーパラム、シヴァム、シヴァー、などがあります。アムラは『アマラコーシャ』で4つ、『ダンヴァンタリーヤ・ニガントゥ』で10、『ラバサ』では1つ、『ラージャ・ニガントゥ』では14、『バーヴァ・プラカーシャ』では12の異なる名称で言及されています。すべての語にはそれぞれの名前の力が備わっています。語源を分析していくことで意味の違いを判別することができます。若干ではありますが以下に例をあげます。

◆音節表記による意味の差異

(1)「パールタ」＝アルジュナ（※訳注、聖典バガヴァッド・ギーターの登場人物）、アーユルヴェーダ植物名としてのアルジュナTerminalia arjuna,Roxb（シクンシ科テルミナリア属、心臓病に有効）
(2)「パールター」＝ゴーピー（牛飼いの女性たち）
(3)「マドゥカハ」＝リコリス甘草の根Glycyrrhiza glabra,Linn
(4)「マドゥーカハ」＝インディアンバターツリーMadhuca indica,Gmel.（アカテツ科マドフカ属
(5)「ラサ」＝味、水銀、血漿
(6)「ラサー」＝地球　その他

◆文法的な性による意味の差異

「カハ」＝ブラフマー、太陽、空気の三つの意味
「カム」＝水、頭

「アリシュタハ」＝　ニーム（センダン科インドセンダン）
「アリシュターー」＝　カトゥキー（ゴマノハグサ科コオウレン）
「アリシュタム」＝　アリーターー（ムクロジ属）

インターネットで検索すれば、アムラについて書かれた研究書をたくさん見ることができます。7年前、私の長男のヘーマードリー・アグニヴェーシュ・シャルマーはラジーヴ・ガンディー大学の博士課程在学中にニームについての研究論文を執筆しました。インド国内外のあらゆる研究書を年度毎にまとめたコレクションの中で200ページ以上が彼の研究によるものですが、そちらもインターネットでご覧いただけます。

さて、森田要氏による、アムラ栽培と活用のための本書の日本語版製作によって、アーユルヴェーダで主要な植物であるアムラが、今後日本人によって日本国内で盛んに栽培されるようになり、ニームの栽培で世界的に有名な沖縄の「ＩＢＲ（生物資源研究所）」のような、アムラについての重要な研究機関が日本国内に生まれるでしょう。これは私の40年にわたる日本滞在の経験から強調してお話ししたいことです。日本で出版される研究書は世界中で信頼をおかれています。そしてなによりその研究の恩恵は全ての人類にもたらされるでしょう。

２０２０年８月

●プロフィール――

＊著者

ナラヤン・ダス・プラジャパティ …インド政府、家族健康福祉省国立薬用植物局局員

タルン・プラジャパティ …薬用植物学者

＊監修

森田要（もりた・かなめ）

美容師。kamidoko（カミドコ）代表、化粧品販売会社・株式会社ラクシュミー代表取締役。主著:『トリートメントヘアカラー　ヘナ』（学陽書房）、『美髪再生』（メタモル出版）、『新版　なっとく!のヘアカラー&ヘナ&美容室』（彩流社／共著）、『最高のヘナを求めて　髪を美しくする奇跡の植物』（芽花舎）。

＊監訳

イナムラ・ヒロエ・シャルマ

グジャラート・アーユルヴェーダ大学大学院卒業。アーユルヴェーダ医師（ゴールドメダリスト）、大阪アーユルヴェーダ研究所所長、日本アーユルヴェーダ学会副理事長、日本アーユルヴェーダ学会チャラカ・サンヒター翻訳委員。NPO日本アーユルヴェーダ協会副理事長

＊訳

森山繁（もりやま・しげる）

東京都出身。東洋大学文学部インド哲学科卒業。インド国立バナーラス・ヒンドゥー大学大学院宗教哲学科中退。現在、NPO南アジア文化協会理事長、インド大使館ヴィヴェーカーナンダカルチュアルセンター音楽講師。

＊解説

H・S・シャルマ

大阪アーユルヴェーダ研究所、元インド国立ジャイプールアーユルヴェーダ研究所所長、元インド国立グジャラート・アーユルヴェーダ大学大学院学長、インターナショナル・ヴァイディック財団名誉副総裁、金賞銀賞多数受賞。

アーユルヴェーダの驚《おどろ》きの果実《かじつ》 アムラの真実《しんじつ》
2020年10月16日　初版第一刷
2023年 5月18日　初版第二刷

著　者　ナラヤン・ダス・プラジャパティ、タルン・プラジャパティ
監　修　森田要 © 2020
発行者　河野和憲
発行所　株式会社 彩流社
〒101-0051　東京都千代田区神田神保町3-10　大行ビル6階
電話　03-3234-5931
FAX　03-3234-5932
http://www.sairyusha.co.jp/

編　集　出口綾子
装　丁　福田真一［DEN GRAPHICS］
印　刷　モリモト印刷株式会社
製　本　株式会社難波製本

Printed in Japan　ISBN978-4-7791-2658-1 C0047
定価はカバーに表示してあります。乱丁・落丁本はお取り替えいたします。
本書は日本出版著作権協会（JPCA）が委託管理する著作物です。
複写（コピー）・複製、その他著作物の利用については、
事前に JPCA（電話 03-3812-9424、e-mail:info@jpca.jp.net）の許諾を得て下さい。
なお、無断でのコピー・スキャン・デジタル化等の複製は著作権法上での例外を除き、著作権法違反となります。